ASYMMETRISCHES VERHALTEN

Der Beitrag der Asymmetrie zum Sein

Sebahat Malak

Copyright © 2018 Sebahat Malak
All rights reserved.
ISBN: 9781790240005

VORWORT

Drei Jahre nach dem Essay „Das Verhältnis von Sprache zum (Da)Sein" habe ich im Jahre 2006 „Asymmetrisches Verhalten" verfasst. Das erste Essay ist ein Vorwerk des zweiten, so denke ich mal. Wie Große Leute schon zuvor erwähnt haben, glaube auch ich nicht, dass die Wissenschaft oder ihre Bereiche die natürliche Größe des Etwas benennen können, schon allein dann nicht, wenn es um das Benennen von Etwas geht. Deshalb habe ich mit diesen beiden Essays versucht, nicht nur über ein Thema zu schreiben, sondern es zu diesem „werden zu lassen". Freuen würde es mich, wenn Sie als LeserINNEN teilhaben an dieser sprachlich gestaltenden Formel.

Sebahat Malak

Kurz zum Buch:

Das Buch ASYMMETRISCHES VERHALTEN ist in zwei Teilen aufgeteilt. Der erste Teil ist eine kurze, lyrisch philosophische Darstellung über das menschliche Sein und dessen Handeln. Hierbei wird das Verhältnis von Sprache oder Namen zur Formeln und zu Mathematik aufgezeigt und welche bedeutende Rolle eine Scheinsprache im Dasein des Menschen einnimmt. Denn, da Worte nicht konkretisiert werden können, und deshalb auch nicht in Zusammenhang miteinander das konkrete Etwas bezeichnen können, benötigen Sie bei einer Systematisierung von Sozialitäten geordnete, wahrheitsgetreue Wortkodexe, damit eine freie Entfaltung des menschlichen Daseins in einem sozial politischen System überhaupt möglich ist. Im zweiten Teil geht es um den Bereich der Weltformel x hoch $x= 2$. Der Ausgangs- und Drehpunkt dieses wissenschaftlich poetischen Essays sind die Symmetrie und besonders die Asymmetrie. Dieses Essay ist der Versuch, ein theoretisches Modell aufzubauen, indem die beteiligten komplexen physikalischen Vorfälle aufgrund ihrer asymmetrischen Funktionalität und Lage in Abhängigkeit zueinander in der Raumzeit mit Bezug auf die Metazeit beschrieben werden. Hingegen bietet die klassische Physik ein Standartmodell, bei der der Asymmetrie wenig Bedeutung beigemessen wird, aber auch werden kann, da hier nicht die Rede von Abweichungen sondern von festen Grundsätzen ist, also die Symmetrie als Mittel und Zweck begriffen wird. Doch die klassische Physik wurde durch die moderne Physik- der Metaphysik entthront. Der Beginn der modernen Physik ist nichts weiter als die Tatsache, dass sich die Physiker intensiver mit alten und religiösen Schriften befassen und eine - zumindest heute- nicht widerlegbare Wissenschaft aufgebaut haben. D.h. die Berücksichtigung der Asymmetrie wegen ihrem dualistischen Aspekt ist für die Erklärbarkeit der Physik heute nicht nur wegzudenken sondern auch notwendig. Allein mit der Mitberechnung der Asymmetrie können Themen der Physik wie z. B. Dynamik, Mechanik, Druckmaß oder Gravitation als ein Sachverhalt problematisiert und zum Wohl der Menschheit bereitgestellt werden. Dieses Buch ist eine kreative Darstellung dieser oben angeführten, physikalischen Wissenschaft. Kreativität und Religion kamen bei vielen Neuphysikern stark zur Geltung wie auch bei dem Physiker Werner Heisenberg. Sein Schüler Hans Peter Dürr hat sich in dieser Sache scherzvoll geäußert, dass man dankbar sein sollte, dass Heisenberg nicht viel von Formeln verstand.

INHALTSVERZEICHNIS

ASYMMETRISCHES VERHALTEN	8
TEIL I	8
DAS VERHÄLTNIS VON SPRACHE ZUM (DA)SEIN	8
DIE ROLLE DER MATHEMATIK IM SEIN	8
DAS LEBEN ALS EIN TEIL EINES GEDICHTES	10
SPRACHE ALS FORMELN	12
NAMEN IN KONKRETEM ZUSAMMENHANG	16
DIE TIEFE VON NAMEN	17
DER GEDANKE DES ETWAS	18
TEIL 2	21
DER BEITRAG DER ASYMMETRIE ZUM SEIN	21
DIE SPRACHLICHE AKTIVITÄT	22
DIE ABHÄNGIGKEIT DER METASPRACHE ZUR SOZIALSPRACHE	27
BEITRAG DER ASYMMETRIE ZUR DUALISTISCHEN SPRACHGESTALTUNG	37
DIE GEBUNDENHEIT DER FORMEN ZUEINANDER UND DER UNGEBUNDENHEIT ZUR GEGENWART	41
WIE WERDEN UNTERSCHIEDE GESCHAFFEN?	49

DIE AUFGABEN DER INKONSEQUENZ	52
DER ZYKLUS ALS DIE URSACHE VON UNORDNUNG	56
DIE ASYMMETRISCHE FORMVERÄNDERUNG VON QUANTEN ALS HILFSMITTEL FÜR DIE GRAVITATION	63
DIE REGEL DER VERÄNDERLICHKEIT BESTIMMT DURCH BEDÜRFNISSE	68
DIE ASYMMETRIE UND IHR WEG VON DER UNORDNUNG ZUR ORDNUNG	72
DIE PARALLELITÄT UND DIE UNVERLETZLICHKEIT DES GRAVITATIONSGESETZES	78
HOMOGEN IST, WAS HETEROGEN WAR	82
EIGENSCHAFT UND FUNKTION VON DICHTEN	87
DIE QUANTENMECHANIK AUS DER MAKRO- UND MIKROPERSPEKTIVE	89
DAS DINGLICH MACHEN-DER RAUM FÜR DIE RAUMZEIT	97
DIE SYMMETRISCHE PERSPEKTIVE DES ATOMVERHALTENS	101
ASYMMETRISCHE PERSPEKTIVE DES ATOMVERHALTENS	105
BEWEGLICHKEIT ODER BEWEGUNG: DUALISMUS ODER WAHRHEIT	110
DAS DRUCKMAß ALS HILFE BEI DER WOHIN-PRODUKTION	116

ASYMMETRISCHES VERHALTEN

TEIL I

DAS VERHÄLTNIS VON SPRACHE ZUM (DA)SEIN

Die Mathematik handelt ausschließlich von den Beziehungen der Begriffe zueinander ohne Rücksicht auf deren Bezug zur Erfahrung.

Albert Einstein

DIE ROLLE DER MATHEMATIK IM SEIN

Es ist nicht nur, dass ich ein Anderer, viele Anderen sein muss, um in der Differenz und ihren Möglichkeiten an Differenzen das Differenzlose als das Besondere in der Andersartigkeit des Wesenslosen im eigenen Wesen oder in es hinein zu

erfahren und in den Atem zu integrieren, es ist
auch so, dass ich ein Anderer bin, zu mir bin und
zu anderen sein kann und bin, um sein zu können
oder zu müssen wieder ein Anderer, bis ich
überrascht werde, mich zu überraschen oder
überraschen zu lassen, damit, dass ich das
Symptom der Differenzen mir ausblende, das mein
jetziges Ich vom Vergangenen und ihren Farben,
was und wer ich so war, trennt, und das blende,
was es heißt, ein Anderer zu sein, das ich dann bin,
um nicht selbst die Differenz zu sein und zu bleiben
in den Differenzen meiner Möglichkeiten, aber um
dann und doch zu sein das Sein, das, das sich
weder statistisch und schematisch verfertigen, noch
mathematisch berechnen lässt, da es selbst die
Mathematik ist mit ihren Möglichkeiten an
Interpretationen und ihren Prägungen als Wege für
die Interpretationen, in der die Zeit nicht in
Konkurrenz zu Regeln und Lösungen steht, aber
mit ihren Abweichungen kommuniziert und mit
dieser sprachlichen Verzerrung die geometrischen
Formen im geometrischen Raum geometrisch
vielfach und anders formt, damit die Form geformt

werde mit dem Wesenslosen der Zeit und der auf dem Zeitstrahl, die das Nehmen im Geben, das Kommen im Gehen ist, dies trägt und im Sein zusammenhält

DAS LEBEN ALS EIN TEIL EINES GEDICHTES

-und ist das Leben ein langes Bauen und langsames Bebauen eines Bauhauses, das in Breiten, Längen und Höhen besteint wird, worin unter Annahme der Fertigstellung der Mensch und seine in Breiten, Längen und Höhen gezerrte Abbilder wohnen, so ist das Bauen, Bebauen und Bewohnen primär ein Vergessen über den erst getragenen Stein, über die getragene und noch zu tragende Steine, und sekundär ein Wissen der all getragenen Steine, und ist das Leben bloß als ein blasser Sternschimmer mit Erscheinen verloren gegangen im großen Gedicht, so ist das kurze Wirken für uns wie ein unwirkliches Bewirken, das über uns stehend vorüberzieht, und hinter dem wir herlaufen, um es in der Angemessenheit unseres

eigenen Wirkens zu definieren, was aber nicht
definierbar ist, da es die Definition von der Ursache
ist, die wir tragen, mittragen, forttragen, zu unsren,
zu anderen gehörenden Formen oder auch deren
weiter tragen, die kurz gewirkt haben, in der
Fortsetzung aber das ganze Wirken in der Wortallee
abstellen als Ertragen-Müssen, damit die
Jahreszeiten mit Farben betupft sind, um
bestrichen zu werden, bestrichen sind, um bemalt
zu werden, bemalt sind, um bescheinigt zu werden,
bescheinigt sind, um zu scheinen, hinzu scheinen
das Sensible und die Welt der Sensibilität dem
Sensiblen und seiner Sensibilität den Farben
Sensibilität, so dass der Schaffer als Betrachter
seines Schaffens sich in seinen Betrachtungen
verliert und sich im Geschaffenen findet, um den
Dingen, den Gefangenen der Geschehnisse eine
Urkunde auszustellen, die aus Jas und vielmehr
Neins auf sich besteht, um den Schaffer zu
beurkunden, damit dieser unter dem Zepter mit der
Verkündung, die mit dem Siegel beschmiert ist,
Himmel und Erde segnet, im Glauben mit Donner
und Blitz die Formen seiner und/oder gewiss

anderer endlich endlos vervollkommnet zu haben oder zu vervollkommnen, bis er das Rennen und Rumrennen lässt und die Augen öffnet tief in sich hinein und von dort sieht, was die Dinge sind, in ihm werden, die er wird, wenn er sie sieht von dort, wo er im Gehen und Tragen steht

SPRACHE ALS FORMELN

-und es sind auch andere, die auf anderen Wegen sich der Vermittlung versprechen, geneigt und deshalb geeignet sind, ihr ihre Dienste abzunehmen, weil sie wie auch andere unterwegs sein müssen, und um nicht zu verfehlen, was nicht verfehlt sein darf beim Werden, teilen sie den Weg der Mitteilung, solange, bis sie ihm sein Eigentum abgesprochen haben, der Weg ihrer geworden ist und sie als die Glücklichen erkennen und anerkennen lässt, so dass dem Glück das Weitere überlassen werden kann, sie nun umsichtig zu versorgen mit dem Umfang und Umgang der Sprache unter dem Glanz ihrer Namen und Titeln,

die ein Vermögen sind, auch weil mit ihnen der
Erfolg sicher geworden ist, die in den
Gedächtnissen bereits merkmalisiert vorhandene
Ansammlung von Neigungen bei den Erkennen und
Anerkennen Abhängigkeitsverhältnis
hervorzurufen, um sie intensiv zu erregen, so dass
der Verzicht auf etlichen Anspruch von Mündig-
Sein bejaht wird und das Empfangene als Gehört
und Verstanden, dadurch vollständiger und
vollkommener gemacht, an den Namensträger
zurück übertragen ist, damit er in die Rolle auch
die mitgegebene Sicherheit und die dadurch noch
klarer gewordene Sicht für die Sache bequem
einrichtet, um mit dem Einrichten das Befinden
aller und besonders seiner in die Unterhaltung
einzukalkulieren, um dann in ihr, wenn nötig mit
musikalischen Mitteln, das Behagen im Betragen
und umgekehrt einzustimmen, damit das oftmals
Reaktivierte reaktiviert ist, die aus dem
Seinsverstand ausgelesenen nach Belieben und
Bedarf des Konzepts in die Vernunft zu
konzessionieren, dass durch die Konzession das
Nötige das Herz der Abhandlung wird durch die

Mithilfe von Worten und besonders der artistischen
Verkettung ihrer Bedeutungen, die zu einer
einzigen wird, nämlich einer geschaffenen
Atmosphäre, weil alle Beteiligten und der
Redemacher selbst das Einzigartige in ihr
vernehmen, obwohl dieser Sprachzauber auch bei
den Unnötigen eine Verheißung zum Stillstand
bringen kann, sie wie die Nötigen, als die Nötigen
verzaubern und bei Berührung mit den Nötigen ihre
Wirkung erfinden können, um im Bann der
Unnötigen die Nötigen als die Unnötigen zu
bezaubern, doch bereits auf dem Weg der
Mitteilung wurde der Umgang mit dieser Art von
Magie angelernt, sie im Interesse der Konzentration
und ihren Dimensionen von Beginn an als
Unzuverlässige und deshalb Unzulässige zu
beschwören und wegzuzaubern, damit sich die
Formeln nicht von ihren Bindeketten loslösen und
die Zulässigkeit des physikalischen Gesetzes auf
ihrer Seite wissen, um so das Konzept und ihr
Verhältnis zu Konzepten aus dem Konzept zu
konzipieren, um dann die Atome aus dem Konzept
zu steuern und mit dem Fall zum Verfall und

Zerfall beizusteuern, was aber dem Begabten eine Konzeption des Irrealen nicht mal ist, da er in der Verselbstständigung eine tüchtige Gestalt mechanisiert hat und nun mit Formeln die Formeln exakt konzipiert, um die Geometrie der geschaffenen Vernunft systematisch in ein System zu manövrieren und es als ein Gesetz in ihren Bahnen zu halten und zu lenken mithilfe des Potenzials und der Stabilität, die unzertrennbar und nicht mehr zu erzwingende, sondern frei mitgestaltende Bestandteile der Vernunft geworden sind, so dass der Eigentümer dem Verstand seine Unabhängigkeit erklärt, was aber für den Unbegabten nicht nachvollziehbar ist, da seinem Wesen die Schuld anhängt, er wie verleibt ist der Schuldigkeit, nie gelernt zu haben die Formeln und als ein Unbegabter nicht mal wissen kann, zu was Formeln zu gebrauchen sind und in der Gewissheit ein Unbegabter zu sein, nicht mehr wissen kann, was Formeln sind, und er wird in seiner unvergesslichen Vergesslichkeit wieder nicht wissen, ob er die richtigen Formen angenommen hat und wie und wie viel und zu welchen getragen sich lohne, zumal das Getragen-Sich-Lohne als Ersatz für Aktivität das Umkehrbedürfnis Untätig Sein verspricht, das dann in der gestellten Frage Weshalb erfüllt ist, und was für den einen Auswendig sein muss und wird, ist für den anderen Wend-dich, ob ab, ob zu oder ob ab und zu ab oder zu

NAMEN IN KONKRETEM ZUSAMMENHANG

-und es sind die Namen, die das sollen, was wir wollen, die da sein sollen, wo und wann auch immer wir sie brauchen und haben wollen, die uns das und wieder ersetzen sollen, was wir ausgeglichen haben wollen und was uns ausgeglichen macht, und sie sollen sich für uns einsetzen und uns davon das lassen, was uns leichter macht und erleichtert, und was wir vereinfacht haben wollen, sie sollen uns viel sein und uns so vieles bekannt und bequemer machen, was wir uns erkaufen und verkaufen wollen, sie sollen das sein, was sie für uns geworden sind, aber nicht das, was sie sind und für uns wirklich sein können, denn das ist das, was wir aber nicht wollen, weil wir so vieles erwarten und von ihnen, damit wir etwas sind, um etwas zu haben, das uns hat, und worüber wir etwas zu erzählen haben und dabei nicht befangen sein müssen, eben weil wir etwas sind und auch nicht vergessen wollen, dass wir das immer noch haben, damit wir uns erlauben, uns zu ertragen, zu überhören doch, wie geschwätzig wir geworden sind

DIE TIEFE VON NAMEN

-und wir behelfen uns damit, zu verkennen, dass Namen nicht etwas Konkretes, das abstrakte Etwas erzählen, das, was nicht dingfest zu machen ist, da Namen Nummern und Chiffren sind und das abstrahieren, was sitzt und sich ansetzen lässt im Über- und Untergeordnetem als lebendige Substanz, die dem Menschen das geworden ist, alles, was in ihm selbst ist, zu abstrahieren, nachzuahmen als Erfindung, Technik oder Wissenschaft, die dann maßgebend geworden sind für die angeschaffte Stimmung oder Verstimmung im organischen Gehör, das doch glücklich sein will, Glücklichsein aber braucht keine Nachahmer, verlangt keine Gesellen oder Geselligkeit, weil es sich weder deren Tatsachen und Konsequenzen beugt, noch sich diese Tatsachen als Konsequenzen anführen lässt, da es ist, wie es ist, es ist, und es ist abstrakt, und es nährt sich von den Chiffren in der Substanz, um nicht satt zu werden oder etwas zu entkräften, sondern gesund zu sein und zu bleiben, um das seine zu tun, unterwegs auf seinen Wegen das zu nähren, was wieder abstrakt ist

DER GEDANKE DES ETWAS

-und wenn wir uns befreit haben von allem um uns, besonders auch von dem, was wir nicht für beachtenswert halten, da in der Beachtung unsere Vorstellungen von Wert fehlen, um nicht zu

verstehen und zu achten, was uns immer beachtet
hat, dann werden wir uns befreit haben davon, zu
befürchten, welche nicht um uns zu haben, da wir
alleine sein können, und wenn wir alleine sind,
nichts in uns und niemand um uns ist, dann sind
wir frei und bereit, etwas zu sein wie auch einsam,
und wenn wir einsam sind, werden wir in der
Einsamkeit die Einsamkeit, und wenn wir die
Einsamkeit selbst geworden sind, sehen wir, wir
sehen die Einsamkeit und ihr Leben, das sie lebt,
also müssen wir etwas sein, um zu sein, nicht um
dann zu haben, sondern um zu werden etwas,
damit wir sehen und dann das, was wir geworden
sind im Werden, und was dem Leben das Werden
ist, das uns sieht, und wenn wir dies sehen, wird
unser Sehen, das von den Gedanken des Etwas
geführt wurde, zum einzigen Schweigen einer Linie,
es ist der Wiederkehrende Geruch, das wir kennen
und erkennen, nach dem wir suchen und uns
sehnen, es ist der Geruch des freien Gedankens,
der uns immer etwas anders und anders etwas gibt,
aber immer all den Etwas mit hinein gibt, was in

uns wird beim und zum Werden und das Achtung und Liebe heißt

ASYMMETRISCHES VERHALTEN

TEIL 2

DER BEITRAG DER ASYMMETRIE ZUM SEIN

X hoch X = 2= Etwas kann geschaffen werden, wenn dieses etwas in der Raumzeit auf seine Realisierung wartet. Dies, weil das Empirische als das Wissen bereits in den Materien fließt. Und das Vergangene beweglich zu machen wird mit dem Initialsystem erreicht, indem Differenzen in den Differenzlosen ihre hierarchische Struktur bilden für die Hierarchie. Diese Hierarchie und ihr Produkt Dualismus fungieren so oft und nur dort, wo etwas von etwas (Anderem) auf- oder abgelöst wird. Und die Dauer der Lösung zu Etwas ist die Zeit der Zeitlosigkeit – die Modularisierung. Es ist die Metazeit, die Symmetrie der Zeit, die ihren perspektivischen Anfang hat in all den Lösungen aus der Raumzeit, aus deren Momenten der Metaraum, die Symmetrie des Raumes und der Zeit Punkt für Punkt ihre Formen zeichnet als Koordinaten für das Metakoordinatensystem.

DIE SPRACHLICHE AKTIVITÄT

Es stellt sich nicht die Frage, warum der Mensch und gerade seine in Relativität aufgenommene und durch den modifizierbaren Dualismus beherrschte Sprach- und Handlungswelt gebunden sind an Raum und Zeit, sondern vielmehr in diesem Zusammenhang, ob diese gebunden sein und wirken müssen und warum. Wie auch immer die Antwort nach einer ergiebigen Darstellung und der Erklärbarkeit dieser lauten wird, an der Tatsache, dass der prinzipielle Träger der Gebundenheit die Sprache als Ganzes ist, die parallel zum Leben steht, lässt sich nichts rütteln. Es ist eine Sprache, die sich der sozialen Welt und dessen Modifizierbarkeiten mit all ihren Strukturen anpasst, weil sie durch sie in Handlungen gebildet und darin aufgefordert wird, sich immer wieder veränderbar zu definieren, wozu das Kreisen als Mittel zum Verwendungszweck dient. Handlungen, mögen sie auch so sehr differieren oder fremd wirken wegen dem soziokulturellen Sprachunterschied, sind in ihrem Wesen ein kosmisches Magnet, welches besondere Teile des Kosmos seine Schichten in Beschäftigung und Antrieb bringt. Demzufolge ist hier die Rede von einer funktionell-statischen Sprache, die die sprachliche Aktivität von Menschen fordert, um ihren Weiterbestand in der Freiheit des Kreisens zu stabilisieren. Mag diese Selbstständigkeit der Sprache noch so dominant erscheinen, sie ist lediglich eine Erscheinung, aber doch die Ursache zur Funktionalität, da sie das Subjekt primär nötigt, säkular und zwar als Bedarfsgegenstand Gebrauch von ihr zu machen, genau genommen von Sprach- und Handlungskomplexen. Diese sind die Waldsprache, wegen deren Gegenwart ein Regenbogen empirischer Perspektiven überhaupt als solchen Bezeichnung und leben finden kann. Es sind Perspektiven, in denen sich dem passiven Subjekt – dem Objekt- die Raum und Zeit Wahrheit in seiner sinnlich-geistigen Art auftut zum Transzendenten, zu dem das Objekt den Zugang findet wie übrigens zu allem, weil das Gesetz

Parallelität zwischen Körpern den Zugang
(Lösungen) als eine Reflexion des eigenen
(Quanten)Körpers im anderen sieht. Wird dann das
Objekt vom Transzendenten mit Sicherheit
bestrahlt, reagiert es unmittelbar damit, die
Konsequenz in der Diskrepanz zu erkennen, dass,
wo die Situation die ist, dass die Sicherheit ruht,
die soziale Sprache nur Läufer für Ihre
(Behauptungs-)spiele würfelt. In dieser Tatsache
steckt aber noch eine andere: die Wahrheit. Ihre
Eigenschaft ist es, mittels der sozialen Sprachwelt
die Möglichkeit sicherzustellen, sich immer anders
formen und entdecken zu lassen, was dazu
beiträgt, dass die Ursprache des Universums belebt
wird. Belebt wird sie für den Hauptzweck, den
Ausgleich im Kosmos im Sinne eines
Gleichgewichtes wieder zu schaffen und evtl.
Ausdehnungen im Rahmen und konzipierfähig zu
halten. Wie die Sozialität speziell auf den
Mikrokosmos einwirkt, erklären
Bewusstseinsmateriale. Angetrieben werden sie
durch die dabei Kontraste herstellenden
Lichtstrahlen, weswegen das Verständnis zu

Wahrheiten verändert wird, weil die Raumzeitbegabung mit den Lebensjahren ihre Prioritäten verlagert, so dass Wahrheiten immer ein Stück entfernter aber sichtbarer werden und gegenwärtig erreichbar bleiben von der jeweiligen Ausgangsposition der sprachlichen Mittel und Kompetenz und ihre Energie kann zur ursprünglichen Bildung sprachloser und undefinierbarer Absicht werden, und zwar zur Metasprache. Unabhängig von Wahrheit und Unwahrheit aber ist es der gemeinsame Verdienst von beiden, der sozialen Sprache und der Metasprache, Energie für Produktionen aller Art zu schaffen mit dem Zweck, Körpern mit Beschäftigungen Beständigkeit zu schenken , damit der Atomkosmos endlose Anlässe hat, die sein Dasein rechtfertigen. Ihrerseits fordert diese Rechtfertigung mikrokosmischer Teil zur Teilnahme an der Beschäftigung auf. Wenn dies nicht der Fall wäre, hätte unter diesen Umständen jeder kosmische Teil Rückstände zu melden. Rückstände wären dies, die die gegenwärtige Funktionalität des Kosmos andersartig gestalten oder auch gemeinhin die Funktionalität aufheben würde. Übertragen auf den menschlichen Organismus könnte das Erstere, wenn zwar auch eine utopische Folge, eine Veränderung des Existenzsinns herbeiführen, so, dass der Organismus zum Vergessen verurteilt wäre, weil ihm Erfahrungen und Erinnerungen fehlen würden. Unter anderem erklärt dies auch, warum die Metasprache aus der sozialen Sprache springt, nicht auf der Basis der Abhängigkeit, denn sie kann nicht der Weg zur Metasprache werden, da sie unfrei wäre, also wieder die Gebundenheit und die Bereitschaft, sondern auf der der Wirkung aus der Abhängigkeit.

Deshalb: Die Anfangsentstehung der Metasprache liegt in den Ursachen und Folgen der sozialen Sprache in Raum und Zeit. Aus diesen Ursachen und Folgen werden die Wirkungen frei und in Atmosphären geworfen und von diesen in Bahnen mit tausend unsichtbaren Lienen gehalten, so dass die Beschaffung der Metasprache zur Regeneration von Räumen und Zeiten in Raum und Zeit wird.

Aber warum es eine soziale Sprache dominanter Ergänzungen und Vorgaben geben muss und warum nicht alleine die passive Metasprache, liegt daran, dass die Metasprache nur dann zu einer Metasprache wird, wenn sie aus der Notwendigkeit der sozialen Sprache Einheiten in Raum und Zeit initialisiert, die das Subjekt historisieren und in der Historie seines Daseins als ausgleichende Ruhe während seiner Not existent werden.

DIE ABHÄNGIGKEIT DER METASPRACHE ZUR SOZIALSPRACHE

Die Metasprache ist eine Sprache, die vom Organismus die nötige Passivität verlangt. So muss das Subjekt eine Stille zum Stand bringen, welchen ihn als Objekt empfangsfähig(er) macht für die Teilnahme an einer zeitlichen Reise ins Zeitlose und von Räumen (auch der eigenen körperlichen) befreite Erscheinung. Nur dann kann es als eines der Objekte des Universums andere Objekte werden, er kann all die Dinge werden, wenn er weiß, wie und wann er sich ihnen gewahr wird und werden kann, z.B. auch ein Tag.

Deshalb benötigt er die soziale Sprache, deren zum Handeln und zum Denken animierendes Wesen. Denn was wäre die Metasprache ohne die sprachlichen Zeichen der sozialen Sprache, wenn sie nicht den Unterschied zeigen würden zwischen Bedeutung und Unbedeutung in der Erhaltung und Bearbeitung der handelnden und der denkenden Sprache. Was wäre sie weiter, wenn ihr der durch die Sinne aufgenommene oder vorgetäuschte Bestand des Erlebten und Gelebten, des Bedachten und Gefühlten, also die Bilder der sozialen Sprache, fehlen würden. Es würde zu einem Leben der Metasprache gar nicht kommen, besser nicht erfordern und dies hieße, der Mensch, bedurfte keiner Seele, die ihr Fortbestehen organisiert und kontrolliert mit Hilfe der Sinnen und dem durch sie zu mathematisch sprachlichen Zeichen zur Bearbeitung veranlassten Verstand.

Gemeint ist mit Bearbeitung die Verwendung des Mittels Dualismus. Er stellt die Reife und Unreife und die Summe daraus in Abhängigkeit und Beziehungsgeflecht zu den Sinnen des Wesens Menschen, dessen Aufnahmefähigkeit sich nach der entsprechenden Benutzung des Verstandes in der Entsprechung organisierend erweitert. Wichtig für ihn wird diese Organisation dann, wenn sie ihm die Formel zur seelischen Sprache, der Metasprache, immer wieder als lösbare Möglichkeiten zuteilt, und nicht nur das, sondern auch die Aufgaben zur Lösung berechenbar kennzeichnet. Falsch wäre es nicht, hier von einem zirkulierenden Sprach- und Handlungsgesetz zu sprechen, deren Werte und Prozesse, auch des Nichtstuns im Tun, mit den Lebensjahren der Sinnfähigkeit das Bewusstsein mobilisieren zu universellen Lebensworten, und trotz dass sie ebenfalls mit Relativitätsprinzipien und -ansprüchen bearbeitet sind, ist ihre Absicht eine für die Wahrheit ausgewählte. Das heißt, dass die Wahrheit aus kenntlich gemachten Wahrheiten ausgebildet wird, ihre eigene Ordnung -

Unordnung hat, deren Teilchen aber wieder zur
Verfügung des sozialen Systems gestellt werden
müssen, mit dem diese im Laufe der Zeit der
Metasprache abhängiger gemacht wird. Der Weg
zur (Meta)Sprache liegt in der Seele. Dort können
Dinge gespart werden und von dort kann das
Gesparte für andersartige Wiederverwendungen
ausgestrahlt werden. In diesem Prozess wird die
Seele gezeichnet durch das Leben in der Existenz
der sozialen Sprache, die ihr Schicksal
charakterisiert. Bei ihrer Charakterisierung spielen
aktivierte Sprachmodalisierungen eine direkte
Rolle, so dass das Schicksal eines Menschen
dessen Verhältnis und Stellung zur sozialen
Sprache und Welt in Raum und Zeit wird. Ein
solches Bündnis mit der sozialen Sprache lässt zu
folgendem Schluss zu: Zu einem Verhältnis muss
ein Umkehrverhältnis nicht nur bestehen sondern
auch erfolgen, also zu einer Aktivierung eine
Reaktivierung.

Was weiter die Stabilisierung und Fortführung der
sozialen Sprache betrifft, sie können nur

stattfinden, wenn in der menschlichen Beschaffenheit eine Konfirmation natürlicher Ursachen läuft. Also muss es organisatorische Sender und Empfänger geben und ihre Rollen tauschbar, um primär sprachliche Materiale und Mittel, die periodisch wiederholt vorkommen, ein- und unterzuordnen als Möglichkeiten der Bearbeitung und Erweiterung dieser. Gesteuert wird das verhaltensspezifische Vermögen durch den Organismus, dessen säkulare Lösungen als Komponente zur Harmonie oder Disharmonie des Körpers beitragen. Dieser Zustand hat indirekt mit der Entstehung der Metasprache zu tun, denn es geht hier vorerst um die (geistige) Aktivität, deren Ausgangspunkt die Seele ist, die unter Einwirkung des Kosmos in der Rolle des Senders fungiert und stets eine Mischung von Unbewusstem und Bewusstem als eine Sorge einen Fleck in der Raumzeit bestrahlt. Entsprechend der Sorgestärke ist die Größe der Unordnung von Zeichen gegenwärtig, die im Körper zur Bildung von Nervosität und daraus folgend Ausdehnungen führen kann, weil die Wahrnehmung selber

Schwierigkeiten hat und Zeit benötigt, diese seitens der Sinne zu Bewusstseinsströmen abgewandelten Aktivitäten unter Kontrolle zu halten. Die Mitberücksichtigung des Zeitfaktors gibt auf ihre Weise ihren wichtigen Zusatz zu dieser geistigen Disziplin. Nämlich: Durch potentielle Wiederholungen der Materie Leben und dessen elementare Zeichen wird eine für die Historie nötige Merkfähigkeit geschaffen, die zur Raumveränderlichkeit führt und atomisiert im Wesen All nach bestimmten mathematischen Gesetzen ihre physikalische Geometrie im Kreisen aus dem Kreisen bildet. Der Zyklus des dimensional staffierten Menschen, der in Konditionen geometrische Modelle abstrakter und konkreter Zeichen entwirft, liegt also im Beziehungsgeflecht von Ursachen und Folgen zwischen Makro- und Mikrokosmos. Der Unterschied am Beitrag beider ist aber, dass der Makrokosmos mit seinem geometrischen Stil den Ursprung aller Ursachen und deren Positionen schafft, die selbstständig oder voneinander abhängig ihr Dasein repräsentieren, und dass der

Mensch hingegen diese Ursachen in der Spaltung von Ursachen und Folgen vorfindet, um so die Deutungen der Ursachen seines Daseins lesen zu können. So gesehen ist das Lesen und Verstehen der Ursachen nur so möglich, wenn das Subjekt seine Rolle als Subjekt im Mittelpunkt der sozialen Welt mit sich und mit dem Kosmos vereint, nur so dann als Objekt seiner Handlungen und Verhalten ihm sich Linien ins Bewusstsein zeichnen, die ihm sein eigenes Leben als Erfahrungen in Raum und Zeit ablichten.

Im Gegensatz zu den Spaltungen von Ursachen und Folgen, beide stehen im konkreten Verhältnis zur subjektiven Darstellung der Sprachlichkeit, bilden die Existenz ihrer Produkte –Erfahrungen- geometrische Formen als andere in sich eigenständig komplexe Objektbilder (aus), aber nicht für die Absonderung vom Ersteren, sondern für ihre Dienste.

Diese kosmische Wahrheit zeigt wieder, warum es nicht allein die Metasprache geben kann, schon allein auch dort nicht, wo die Frage nach dem

Aufenthaltsort der Seele, dem Verstand und den Sinnen gestellt wird. Wären diese eine Aura, die den Mikrokörper umfassen, so wäre der Weg zum kosmischen Befinden eine Gerade und der Austausch einer gegenseitigen bedingungslosen Teilnahme am Metasprachlichen Vorkommen selbstverständlich – wenn auch sinnlos- und nicht durch ein Hindernis getrennt, wie hier der Körper, der eben zur Manipulation der Metasprache durch den sozialen Konflikt zwingt und diese für notwendig erklärt.

Die Notwendigkeit einer solchen Manipulation setzt einen Körper voraus, der aufgrund seiner dimensionalen Beschaffenheit die Kontrolle haben und mit ihr das Gleichgewicht halten muss über seine ihn tragende Beweglichkeit. Denn wie alle lebendigen Objekte im Raum Kosmos kann so auch der menschliche Körper nur Forderungen abstrakt und konkret annehmen und umsetzen, sofern seine Beschaffenheit die Beweglichkeit ist, von der die internen und externen Bewegungen des Körpers gefordert werden.

Demzufolge kann der Körper z.B. nur geometrische Formen konkret produzieren oder abstrakt projizieren ins Unendliche, wenn er selbst erst die Dinge ist, die er entstehen lässt, nämlich die Geometrie und die Form und dann das intuitive und auch nicht zeitlich fassbare Wissen darüber, diese Dinge zu sein und zu haben. Dieses Wissen, das raumunabhängig und transzendent ist, muss erst wieder das raumabhängige werden, um dann in der Raumzeit Dinge zu stellen und zu produzieren, die zum historischen Aufbau oder Regeneration der Sozialität und ihrem Produkt Weltwissen dienen und diese gemäß der Größe ihrer Ansprüche und Interessen der Gegenwart anpassen.

Es ist eine vergänglich sein müssende Gegenwart, die nur gegenwärtig sein kann bei Bedarf und Bedarfswechsel dieser für Bezogenheit zu anderen Zeitinhalten.

Mit anderen Worten: Das Wissen über das Wissen ist ein Tragen und auch von der Zeit zur Weite und zurück zur Nähe, und die Bestandteile dieses

Tragens sind veränderliche und veränderbare Formen, die gerade durch das abstrakte und konkrete Dinglich-Machen von Formen implizite Darstellungen hinterlassen in die Transparenz der substantiellen Innen- und /oder Außenwelt. Denn, obwohl es die Sache der Substanz ist, Punkte zu gestalten und durch sie mit abgestimmter Distanzierung Linien zu ziehen, ohne die Tatsache Transparenz können Substanzbestandteile dem dinglich- machenden Organismus bei Fertigstellungen von Dingen in der Notwendigkeit erst gar nicht ersichtlich werden. Was hier ausdrücklich betont werden sollte, ist, dass sie als die Notwendig - Gemachten wirklich nur in der Notwendigkeit sichtbar gemacht werden können.

Und je näher die Punkte beisammen sind, das heißt, die Möglichkeit zwischen den Punkten weitere Punkte zu platzieren ist abhängig von wiederholten Begebenheiten und das Erfordernis diese in Präzision auszudehnen, desto formbar exakter ist die Beziehung zwischen ihnen, natürlich auch in sprachlicher Hinsicht.

Das zeigt, dass die Substanz und ihre Bestandteile, die nicht nur zur Formung der substantiellen Beschaffenheit in der Substanz beisteuern, sondern auch durch diese Funktion andere Funktionen – Formen- erst annehmen, um dann weiterleiten zu können, um schließlich so die Voraussetzung erfüllt zu haben für die Entstehung eines Umkehrbedürfnis unter den aktivierten Bestandteilen.

BEITRAG DER ASYMMETRIE ZUR DUALISTISCHEN SPRACHGESTALTUNG

Aber Bedingungen können nur erfüllt werden, wenn die substantielle Form während oder durch die Formung anderer Formen Bedingungen feststellt, damit sie geschaffen werden können und damit sich das Bedürfnis für Umkehrbedürfnis überhaupt aus den Formen formt. Vertraut ist also die Bildung von Formen mit einer einzigen Absicht, stets Ursachen zu wissen und zu schaffen, was sie aber nur dazu qualifiziert, weil Zeichen selbst Formen sind und den Hauptgegenstand für Formmaterien ausmachen mit Hilfe der Asymmetrie. So lässt dieser Zustand etwas zu, wie, dass als Ordnung die Differenz der Substanz in der Teilung oder Fügung zwischen ihrer Abstammung als Teile der Ursubstanz, welche aufgrund ihrer kosmischen Vererbung vollkommen und dessenthalben symmetrisch gekennzeichnet ist (es ist ihr Metazeichen als ruhender Pol), und ihrer massiven Funktion liegt, welche dann einfach und dessentwegen asymmetrisch sein muss, um aus diesem Gewicht potentielle und deshalb dimensionsreiche Formen (Monologe) aller Art in die noch isolierte Raumzeit zu formulieren.

Es sind Monologe, weil nicht die soziale Natur (:auch die Metasprache handelt nicht frei von Asymmetrie), sondern die Wirkung von Sozialitäten erst den Anstoß dafür geben muss, dass die soziale Sprache immer mit einer Absicht ihren Charakter mechanisch strukturiert und diese Strukturierung für die Absicht umschreibt.

Und aufgrund mitwirkender Partikeln verliert diese Absicht auf ihrem Weg jene Wirkungsstärke, was aber nicht unbedingt als ein Verlust gesehen werden kann, weil durch die ihn geschaffene Menge an geometrische Formen Dimensionen für das Leben erstellt werden können. Natürlich gründen diese Dimensionen dann die Prämisse für Monologe der Metasprache, mit einem Unterschied zum Ersteren, dort werden Zyklen geschaffen und hier Geraden, die Letzteren sind weniger asymmetrisch belastet.

Naturgemäß kann die Asymmetrie nur in der materiell strukturierten Form-Substanz ihre Gesetzlichkeit in eine Formel definieren und hieraus Formeln für andere mathematisch konzipierte Relationen bereitstellen. Die Formeln sind dann die Bezugsmateriale, die als die Mittel für Zwecke an sich nicht messbare Veränderungen in der mathematischen Veränderlichkeit sind. Tragen tut dieser Umstand dazu bei, dass es hinsichtlich der sprachlichen Bewandtnis einen Dualismus in der Sprachgestaltung oder Entstehung der

Sprachlichkeit unter Abhängigkeit von räumlichen Dimensionen gibt aber keinen dem Gehör vertrauten Formsprache der vollendeten Zeitlichkeit.

Mit anderen Worten: Es gibt nur dualistische Denk- und Sprechschemen, die aus einer immer in der Raumzeit gegenwärtig gemachten Ursache mehrförmige raumabhängige Ursachen in den Raum Räume formen müssen, so mithilfe von allen Ursachen dem substantiellen Charakter seine momentan dominante Eigenschaft durch dafür notwendige weitere Eigenschaften zu volumenisieren.

Und je geprägter die Charakterisierung ist, desto mehr wird dem Menschen in historischer Chronologie und Menge der Zugang leichter, den Charakter angemessen seiner Eigenschaften zu dechiffrieren und gleichzeitig darin neue Chiffren zu lesen in/aufgrund der Zulässigkeit von Wiederholungen.

DIE GEBUNDENHEIT DER FORMEN ZUEINANDER UND DER UNGEBUNDENHEIT ZUR GEGENWART

Die Tatsache von kreisenden Wiederholungen der Ereignisse, besonders auch im Gebiet der von soziokulturell bedingten Verfänglichkeit, beruht darauf, ausschließlich Anfänge zu modulieren in der diesbezüglich dafür bestimmten Raumzeit, von wo ungefähr ähnliche Ereignisse nach einer Kategorisierung ihrer Art ihren zeitlichen Antrieb finden. So werden, sofern es die Gegenwart betrifft, in der gleichen, räumigen Raumzeit unterschiedliche Koordinatenkombinationen von geometrisch-asymmetrischen Ereignissen dimensioniert und von dort zur Verbindung gestellt für andere Raumzeitverkörperungen wie Zukunft oder Vergangenheit. Mit dem durch die Zeit bedingten Verfremdungseffekt zu Dimensionen, deren Koordinaten Ausgangspunkte für Koordinaten in der Gegenwart bleiben, ruht eine andere asymmetrische Verlagerung der atomaren Masse im asymmetrischen Körper, die irgendwann ausgelöst wurde durch das Sich - Freisetzen von

Elektronen, um die dort notwendig gewordene Anpassung für die Notwendigkeit zu realisieren.

Mit anderen Worten: Was die Form zu einer Form von bestimmten Maß und Grad macht, ist deren Gebundenheit zu anderen Formen, die sich besonders und gerade in der Ungebundenheit zur Gegenwart (der Bewegung) ausdrückt, ausdrücken kann und soll. Denn das Wesentliche an diesem asymmetrischen Vorgang im asymmetrisch-symmetrischen Körper ist die asymmetrische Bewegung, die in der Veränderlichkeit des Körpers mit Veränderlichkeit zur asymmetrischen Beschaffenheit beiträgt.

Dieses Vorkommen teilt mit, dass eine Bewegung bereits dann zu zirkulieren beginnt, wenn freigesetzte Energien der Elektronen von ihren Gesellschaftern, den Protonen, mit dafür erforderlichen Mitteln zu einer Ordnung angezogen werden, um während und innerhalb der erzeugten elliptischen Drehung wieder ein Gleichgewicht hergestellt zu haben. Und die Drehung zeigt, dass das Geschehen, dessen Ausgangspunkt die

Gegenwart war, bereits in der gegenwartsbezogenen Vergangenheit der vergangenen Gegenwart liegt, so gesehen von transparenten Dimensionalitäten, die das eigene historische Material des Individuums von ihm transzendentalen gerade um das Fallen der Geschehnisse als Koordinaten zu einem System in Raum und Zeit aufzufangen.

Nur durch diese Ungebundenheit zur Gegenwart kann die Form in sich und aus sich bewegen, also leben, weil ständig eine innerlich und äußerlich und von der Zeitlosigkeit der Zeit –des ruhenden Zustandes- getriebene Krümmung von sich gegenseitig anziehenden und loslösenden Körpern notwendig ist, um sich gegenseitig krümmen zu können und die Krümmung an Stabilität gewinnt, damit so die Körper sich erst um die eigene Achse dem Gesetz der Asymmetrie unterworfen drehen können, weil sie es müssen, um sich so dann in der wechselnden hier arischen Anordnung und notwendigen Beziehung zu anderen Körpern elliptisch zu drehen. Der Kern dieser elliptischen Bewegung liegt in der Teilbarkeit und

Ordnungsfähigkeit, die zur Zuordnungsfähigkeit beiträgt, von Atomen und im Atom Kosmos oder Metakosmos und in der Bildung von Molekülen aus den zugehörigen Atomen. Aufgrund der Beweglichkeit und dadurch der erzeugten Bewegung in der substantiellen Beschaffenheit von Atomen können asymmetrische Grundzüge überhaupt produktiv werden. Der Teilfaktor zum produktiven Verkehr von Atomen, wie z.B. der in bestimmter mathematischer Berechnung wie Zahl, Distanz, Schnelligkeit, etc. kreisenden Elektronen, kann, wenn er auf andere Gebiete einwirkt oder ihren Konzepten entspricht, Faktoren oder wieder Teilfaktoren anderer Faktoren werden. Bezüglich der Elektronen bedeutet dies, dass sich – besonders- durch ihr sprunghaftes Benehmen von Schale zu Schale Energiestrahlen in der substantiellen Form freisetzen, damit die Schale durch das Auffangen und Wegstoßen von Energiestrahlen selbst die Beweglichkeit beibehält, was erst möglich ist durch den unterschiedlich strukturierten und deshalb dementsprechend notwendigerweise geladenen Energieweg, der seinerseits dessentwegen die asymmetrische Beweglichkeit auf der momentan bewohnbaren Schale geworden ist, solange die angesprochenen Elektronen sich auf ihr halten.

Gerade mit dem Auffangen und Wegstoßen von Energiestrahlen wird innerhalb dieser Expose ein quantenreiches Wechselspiel von Ursache und Verursachen von Ursachen modelliert angesetzt und fortgeführt, die zur Entstehung von zirkulierenden und stets in der Zirkulation des Etwas sich anders kenntlich machenden (in der Geschichtlichkeit) und dadurch anders erkennbaren Anfängen (in der Geschichte).

Denn damit überhaupt Anfänge evokativ zirkulieren können, ist immer die gewisse Notwendigkeit und der Bedarf an diese in der Berechnung von Ursachen mit enthalten. So z.B. bezüglich der Elektronen bedeutet dies, dass eine einzige Bedingung die Elektronen zu Elektronen schafft, nämlich, dass es keine Priorität gibt, was den materiellen und geistigen Charakter von Elektronen betrifft, da das Maß als der maßgebende

Verursacher für die Ansammlung auf einem für die jeweilige Ursache zeitlich bestimmten Ort sorgt, der der Ausgangspunkt ist auch für die Teilnahme an der Wirkung und ihrer Größe generellen und speziellen Einheiten. Also bestimmt das Maß nicht nur, wo und wann Ansammlungen vorkommen müssen, sondern gibt auch die Gründe dafür mit, wie viele Einheiten von etwas in den Bestandteilen sein müssen, die für die jeweilige Ursache oder Stellung dahingehend notwendig sind, die Entscheidung über Bindungs-Lösung eines Atoms oder Moleküls zu fällen.

An einem definiten Beispiel lässt sich dies folgendermaßen detaillieren: Das Maß ist zuständig für die Ansammlung von Strahlen, die aktiviert werden aus dem Verhalten der Elektronen entsprechend der ihnen vorgegebenen Aktivitätsstärke.

Erst durch das Zusammenkommen und Korrespondieren von anderen Bezugsparteien, wie z.B. die Protonen, kann die Rede davon sein, in welchem Maß diese asymmetrisch wirkende

Aktivitätsstärke angenehm ist, das heißt, die Wirkung kann erst dann messbar werden, auch um dann messbar zu sein und zu bleiben für und mit Arbeiten weiterer Bezugsparteien.

Die Bezugsparteien sind die Bestandteile einer Ursache schaffenden Materie, welche sich ihrerseits mit ihren anpassungsfähigen Bezugsparteien Partnerschaften auswählt, damit das notwendige molekulare Konzept realisiert werden kann. Somit mobilisieren am Ende alle Beteiligten das gemeinsame Interesse, ein asymmetrisches Verhalten notwendig zu machen aus vielerlei Gründen, wobei sie alle einer einzigen Ursache dienen, dem Gesetz der Ellipse, aus dem schließlich alle ihrer Beschaffenheit entsprechende substantielle Form geformt wird. Sicherlich bewegen sich die Gründe nicht eben und auch nicht nur auf der Ebene einer wissenschaftlichen Disziplin, sondern sie stehen aufgrund des Abhängigkeitsgesetzes und besonders ihrer Wiederholbarkeit in Abhängigkeit mit und zu anderen Disziplinen, um die Abhängigkeit selbst als Treibkraft zu regulieren.

Die biologische Abhängigkeit, so z.B. als ein Teil der Treibkraft des biologischen Vorkommens verwendet sein Abhängigkeitsmaß dafür, den Organismus dem Leben mit all seinen Bestandteilen und Gesetzen abhängig zu machen.

Demzufolge besteht ein Abhängigkeitsverhältnis unter allen Disziplinen und in einer einzigen. Aber: Würde dies nicht gleichzeitig auf die Tatsache verweisen, dass eine Disziplin in ein Abhängigkeitsverhältnis jeglicher Art nur eingehen kann, wenn ein Bedarf untereinander angezeigt ist und dieser kann nur angezeigt werden, wenn in der Materie einer Disziplin bereits die Materien aller Disziplinen gegenwärtig sind.

Und warum? Weil sie alle Bestandteile der Substanz sind und alle Substanzen die Bestandteile der kosmischen Substanz, und sie alle ihre Notwendigkeiten und den Bedarf an Notwendigkeiten gegenseitig veränderlich machen

mithilfe ihrer Wirkungen auf der Basis des
Wirkungsgesetzes, das des räumlich-zeitlichen
Gefühls. Und welche dieser Disziplinen bei der
Funktionalität der Vorrang gegeben oder
genommen wird, oder gegeben wird, um genommen
zu werden und umgekehrt, hängt ab vom Gehalt
und Gewicht ihrer momentanen Aufgabe(n) auf
ihren oder dem Beitrag zu anderen
Tätigkeitsfeldern.

WIE WERDEN UNTERSCHIEDE GESCHAFFEN?

Die Tatsache, dass ein Vorrang unter den
Disziplinen besteht, lässt zu einer Perspektivierung
zu, wie, dass dieser Vorrang gleichermaßen ein
Prinzip für den Erhalt des Urteilsvermögens ist.
Dies, weil es das Maß ist und den Ablauf von
Zuständen und die Ablaufswege angibt, welche sich
nicht nur mit der Dominanz und der Vielfalt von
Umständen bilden entsprechend der

Tätigkeitsfelder, sondern auch daraus die Verselbstständigung und wiederum dadurch die Bildung einer dortig beabsichtigten Substanz frei wird, die als eine Disziplin oder dessen notwendige Bestandteile zu einer Disziplinformung den Vorrang bekommt, um erst ihrerseits zum Vorrang zu werden, um dann später die Bestandteile für eine Substanz zu sein.

Das ist nun der Teil, in dem der Vorrang, dessen Produkt die Veränderlichkeit ist, als ein Gebot in den Mittelpunkt des Anfangs gestellt werden muss, sozusagen als einer der Punkte alles Verursachendes um sich, um die Verträglichkeit aller (Un)beteiligten zueinander, die Kompetenz der Funktion, und ihre Aufgaben, die Kapazität der Funktionalität, darzustellen.

Der andere Teil beschäftigt sich gerade mit dieser Darstellung, dem erst durch maßgerechte Nuancen von Abweichungen die Möglichkeit zur Darstellung von Gegenständen ermöglicht wird, das heißt, die Voraussetzung einer Darstellung liegt in der Unvollkommenheit einer Form, und der Grund für diese Unvollkommenheit ist die Beweglichkeit und die Bewegung in den Substanzen, die zur Asymmetrie führen und von ihr geführt werden.

Nun lassen sich hier weitere Fragen stellen, wie, ob es, was speziell die Substanz betrifft, einen Unterschied gibt, die in der Ordnung entweder als die Substanz vorkommt oder als das Bausteinchen einer Substanz, oder ob in diesem Fall die Reihenfolge der Wechselhaftigkeit des Vorrangs der Unterschied ist usw.

Sollte es auf diese Fragen über den Unterschied Antworten geben, so würden sie dennoch nicht die des Ursprungs der Ursache sein, da mit der Feststellung des Unterschieds an der Substanz Unterschiede sich in und aus den Substanzen in den Wiederholungen anders merken, und bei dieser Merktätigkeit Wärme frei aber auch gewonnen wird durch die

Merktätigkeit um die Merktätigkeit für die temperaturbedürftige Dehnbarkeit der Räume, wo Dehnungen durch den Wärmegewinn und -verlust an bestimmten Punkten dehnfähig gemacht werden. Dabei ist die Bestimmbarkeit des Ortswechsels wesentlich für das Abhängigkeitsverhältnis von Unterschieden, da mit der Feststellung des Unterschieds auch ein Verhältnis zu anderen Unterschieden hergestellt werden muss, damit Unterschiede auf einer Gerade fortbestehen können und die Substanzen zum asymmetrischen Verhalten gezwungen werden, dass Dehnungen zirkulieren können, um mit dieser Zirkulation die Temperatur des Dehnvorgangs aus dem Innern heraus innen und außen stabil zu halten, was dann die Kraft und die für die Regulierung des Pumpvorgangs und diese die Notwendigkeit des Atems ist.

DIE AUFGABEN DER INKONSEQUENZ

Übertragen auf eine einzige Begrifflichkeit bedeutet dies zusammengefasst, dass aller Anfang der Wesenhaftigkeit mit der Asymmetrie vertraut gemacht wird. Denn sie ist das Lebendighalten des Lebens und ihr asymmetrisches Werden das Bedürfnis der Notwendigkeiten, die die Absicht nötig machen, die Lebhaftigkeit in die Substanzen asymmetrisch zuzulassen, damit die Wirkung der Ursache und des Verursachens ihren asymmetrischen Ursprung hat. In allem ist das Leben ein asymmetrischer Körper in Raum und Zeit und dessen Lebhaftigkeit das Befinden in der Raumzeit.

Mit anderen Worten: Nur in der Form der Ellipse kann die Substanz über eine Absicht verfügen. Und dieser Absicht muss der Freiraum geboten sein, sich in der Raumzeit wiederholen zu können für die innere Verkrümmung der Materie, damit eine Drehung um die eigene Achse mit Meisterung von Stadien angetrieben wird und ist.

Tatsächlich ist es ein Antreiben, denn man kann hier von Stadien nur insofern behaupten, wenn die

Drehung inkonsequent ist, was sie auch sein muss besonders aus dem Grund der elliptischen Form-Materie.

Als ein Verhalten betrachtet, besitzt diese Inkonsequenz ebenfalls Absichten fürs Verursachen. Eine dieser Absicht ist, auf ein sprunghaftes Benehmen auf der Bahn vorzubereiten und für es zu sorgen, wobei die Länge und Absichten der Sprünge abhängig sind von der Asymmetrie aller Beteiligten, der mathematisch notwendig gemachten Abhängigkeit für die Veränderlichkeit.

Und damit die Notwendigkeiten in Harmonie zueinander reagieren, muss der Energieverbrauch, der während und nach der Ausführung des Sprunges notwendig geworden ist, den Massen aller am Sprung Beteiligten entsprechen.

Ansonsten käme es durch den Energiemissbrauch zu einer Deformierung der Form-Materie, wobei die Extremität des mittlerweile erzeugten Anspruchs einer nicht angemessenen Verlagerung oder

Konzentration entscheidend wäre über die Dauer und Lösung von Problemzuständen wie z.B. Anpassungsschwierigkeiten in der Raumzeit.

Die Aufgabe der Inkonsequenz ist nicht allein beschränkt damit, die für das Sprungphänomen notwendigen Kanäle – insbesondere wo Sprünge angesetzt werden und beendet sind, weil diese Zustände zu Dehnungen nach Innen führen(können) – mit notwendiger Energie zu potenzieren, sondern die Pausen zwischen den Sprüngen so lange zu halten, wie der Bedarf es für notwendig anzeigt.

Und der Bedarf kann nur angezeigt werden, wenn, trotz der von der Asymmetrie geforderten Abweichungen, bereits eine Korrespondenz zwischen den Bezugsparteien zustande gekommen ist.

Unter dem Aspekt dieser Korrespondenz ist der Bedarf die Verkörperung für die (Wieder)Herstellung des ausgleichenden Polens von etwas, womit eine gewisse Konsistenz an Ordnung erreicht ist für

Anziehungs- und Abwehrkräfte von eigenen und fremden Magnetfeldern, damit die Drehung um die eigene und fremde Materien einen Sinn hat, um ihn dann zeigen zu können.

So kommt es schließlich auf den Form-Materien mithilfe der zeitlich-örtlichen Konzentration von magnetischen Feldern zu Kontakten mit der für die Absicht notwendigen Raumzeit und dann zu Bildungen von vorhandenen, aber neu differenzierten Koordinaten für andere Raumzeiten.

DER ZYKLUS ALS DIE URSACHE VON UNORDNUNG

Und durch diese asymmetrischen Bildungen von Raumzeiten gewinnt die Widerstandskraft seine asymmetrischen Koordinaten, die nach einem bestimmten Maß an Pensum entsprechend der Masse der Form-Materie wieder abnimmt. Doch dabei sollte die Beachtung nicht alleine auf das produktive Verfahren, das Verursachen von Raumzeiten, ausgerichtet bleiben, sondern auch die Tatsache aufgenommen werden, dass die Asymmetrie auf das Verursachen von etwas besteht. Dieses Verursachen sind die Zustände. Auf den Einzelfall bezogen: Der Zustand ist die Form des Verursachten und das Verursachende der Zustand, aus dem das Spektrum in keinen als den für es bestimmten Raum fällt.

Als eine Handlung, die das Konzipieren der Beweglichkeit zu einer Bewegung benötigt, erklärt das Fallen oder Geworfenwerden, dass das Spektrum vor dem Fallen selbst ein Zustand –das Wirkungsmodul- war. Denn nur in einem Zustand ist die Bewegung darin ein örtlich-zeitlich so kompensierter Zustand, dass durch diesen festgelegten Punkt die Richtung für das Fallen des Spektrums bereits feststeht und die Kraft der Bewegung -trotz notwendiger Verluste während der Tätigkeit – Verwendung findet als Antrieb für das Fallen des Spektrums und für das Spektrum selbst in seiner Funktion als ein Zwischenzustand. Demzufolge ist das Spektrum ein Bewirker und auch von etwas zu etwas.

Auskunft über das Wirkungsmodul gibt die Intensität des Spektrums wieder als die

Intensitätsbereiche des verlassenen Zustandes. Es sind Bereiche wie Interesse, Motivation, Wille usw. Sie verhalten sich dem Zustand entsprechend in unterschiedlichen Mengen, welche die Charakterisierung des Zustandes ausmachen.

Die Messungen von Intensitäten können nie exakt sein aus dem Grund der asymmetrischen Konsequenz, auch deshalb nicht, weil das Spektrum dann ein (Zwischen)zustand geworden ist, als es bereits in den Raum fiel. Materie und Umfang des Raumes tragen ebenfalls für Ungenauigkeiten bei. Und je fleißiger und deshalb bestürmender die Ungenauigkeiten arbeiten, desto mehr besteht ein über mäßiges Verhalten in Anpassung zueinander. Das heißt gleichzeitig, dass die in Beschäftigung aller Bezugsparteien, bis in Quanten umso bewusster wird in der Aktion und Reaktion, den Verkehr für ihre Übermäßigkeit gegenseitig zu stören.

Gerade durch das Unterbinden von Übermäßigkeit wird mehr Energie kompensiert, die abwechselnd – auch natürlich örtlich- emittiert und absorbiert wird, bis sich der Energiequotient ausreichend wiederholt hat zu Koordinaten für die beabsichtigte Formung der in Unordnung versetzen Magneten auf Feldlinien, so dass das Spektrum zusammengezogen werden kann zu einem produzierten Zustand, wobei das Maß des Produkts abhängig ist von den Übermäßigkeit, ihrer Dauer und Stärke.

Hier darf nicht vergessen werden, dass der Störfaktor – das System der Protonen- auch über eine Absicht verfügt. Diese ist das Maß des Emittieren und Absorbieren von Energie.

Zwar besteht unter diesen Umständen eine direkte Relation zwischen diesen Zuständen, doch die Ursache des Wirkens beider liegt im Bereich der Zuständigkeit. Im konkreten Sinne bedeutet dies, dass die Elektronen mit ihren Sprüngen für das Emittieren und Absorbieren von Energie sorgen und für deren Maß die Protonen, da das Verhalten der Elektronen gemäßigt werden muss durch sie, wobei während der Mäßigung eine Modifikation entsteht.

Aber vor der Mäßigungsarbeit der Protonen zwingt die relationsbedürftige Position zwischen den Elektronen, Protonen und Neutronen zur Vermeidung von Konfrontation oder Konfrontationsmengen. Denn würde der (Mindest)Abstand zueinander durch entsprechende Regelung nicht verstofflicht, bedürfte es nicht einmal einer Kollision zwischen diesen Bezugsparteien, um ihnen die angepasste Wirkung zu entziehen, was chaotische Folgen hätte im Verursachen, und an der so z.B. mit die Gravitationslehre zugrunde ginge, da der Masse die asymmetrische Statik – die Notwendigkeit- fehlen würde.

An einem konkreten Teil: Das Ursachenzentrum der Protonen ist ihre Position. Diese Position wird in Bewegung gebracht mit spektralen Pflichten aller, die zur Reaktion und dadurch zur produktiven Mitarbeit veranlassen und veranlasst werden.

So finden mit der Verrichtung der Arbeit Protonenpflichten ihre Anfangsrechte im und um den Bereich der materiellen Position, die Rechte, die dann mit dem Produkt nach der Zusammenarbeit aller die Protonenstellung und -arbeit als Gesetz empfinden.

Mit anderen Worten: Die Pflicht der Protonen beginnt mithilfe ihrer Position, von wo sie den Überblick wahren, um gezielte Kompromisse einzugehen.

Denn das Ziel der Protonen ist es, die Energieteilchen zeitlich aufeinander abgestimmt an einem dafür historisierenden Ort zu entladen, wo sie solange das werden müssen, was sich dort im Atomteil eine Koordinate nennt zum Koordinatensystem des Atoms. Diese Koordinate ist die modifizierte Menge von segmentierten Energieteilchen, die bestätigt, dass eine Konstanz an Energie erreicht wurde, die dann bei Bedarf der Umkehrbedingung in die Energie als Konstante wechselt. Das heißt, dass die Menge selbst nicht nur eine gebildete Koordinate für das Koordinatensystem ist, sondern dass sie auch in dieser statischen Stellung als eine Ruhequelle fungiert, in und mit ihr Teile der Unordnung – die segmentierten Energieteilchen- wiederholt und anders zur Ordnung – die modifizierte Menge- genötigt und deshalb bewegt werden, so dass es überdies zu einem Zustandswechsel kommt.

Zusammenfassend: Der Zustand ist eine dimensionierte Ordnung, auch von etwas, die in Unordnung gebracht wird durch die Wiederholbarkeit und der von Zuständen.

Daraus lässt sich schließen, dass der Zyklus die Ursache der Unordnung ist und seine Tätigkeitsbereiche in den Zwischenzuständen liegen. Genau genommen sind diese Tätigkeitsfelder das Absorbieren und Emittieren von Spektren. Also deckt sich der Begriff Zyklus mit der Handlung des Absorbierens und Emittierens, mit der Energiequanten (Energiepünktchen) freigesetzt werden. Während dieser Handlung wird die Zustandsmasse entsprechend der freigesetzten Energie so strukturiert (verlagert), wie Energiemassen sie beanspruchen für die Bewegung, ohne dabei das Gesetz der Gravitation – die asymmetrische Haltung- aufzuheben.

Also wird die Energie für das Strukturieren freigesetzt, damit die Unordnung mit der Struktur von Unordnung quantenmäßig vermerkt werden kann.

DIE ASYMMETRISCHE FORMVERÄNDERUNG VON QUANTEN ALS HILFSMITTEL FÜR DIE GRAVITATION

Und je mehr die Beweglichkeit –das Emittieren und Absorbieren- umstandsbedingt freigesetzte Energie für die Bewegung strukturiert, desto mehr findet eine Merktätigkeit statt für die Befähigung, dadurch die Unordnung nicht nur lebensfähig zu machen, sondern sie auch lebendig zu halten, indem ihre Dimensionen energiereicher geladen werden als parallel und diagonal immer enger verlaufende asymmetrische Quantenkörperchen.

Quanten müssen aus Gründen der örtlich-zeitlichen Inkonsequenz beim Absorbieren und Emittieren asymmetrisch sein, damit nicht alle, sondern notwendige Drehpunkte beweglich gemacht werden können, besonders um die Gravitation von virtuellen Sorgen zu entlasten.

Weil erst mit diesen Dimensionsmodellchen in Form von Quantenenergien könnten die Koordinaten während ihrem Bildungsprozess über Möglichkeiten von Anziehungs- und Abwehrkräfte verfügen.

Diese Möglichkeiten sind die Zulässigkeit des Bewirkers von Wirkungen als Zustandsformen, die dann auch erklären, dass es nur in der Unordnung Impulse der Ordnung geben kann. Das heißt, dass mit den Möglichkeiten der nützlichen Kraft in Form von Kraftaustausch die Gegenwart der Ordnung abhängig gemacht wird von dieser Kraft als kommunikativ vereinbarte Möglichkeiten des Praktizierens.

Bei Zunahme von Energiemassen in Anpassung von Möglichkeiten steht die Beweglichkeit (der Wille) unter unausweichlichen Druck. Der Druck seinerseits ist für das Praktizieren die Konzentrationsmenge des Richtungspunktes oder

Richtpunktes, so dass angemessen der entstandenen Wechselwirkung zwischen Zunahme und Anpassung das Maß der Bedingungslosigkeit das Umstandsproblem löst, welcher Zustand aus welchem fällt. Diese Bedingungslosigkeit selbst wird erst abhängig gemacht mit einer maßgerechten Bedingung, nämlich die Dauer des Sich- Befindens in einem Zustand.

Mit anderen Worten: Der Zustand kann so lange wirken, wie er bewirkt wird von Hilfsspektren. Angetrieben werden diese vom Bedürfnis des Zustandes nach Wechselhaftigkeit. Und da die Ursache an sich in Bewegung gebracht wird mit und durch Treibmittel, verfügt auch die Wechselhaftigkeit und zwar über ein pluralistisches, um ihrem eigenen Funktionalitätsanspruch nachkommen zu können. So gesehen ist die Wechselhaftigkeit das molekulare Empfinden nach Bindungen- Trennungen, also nach materieller Veränderlichkeit, der die Folgewirkung noch unbekannt sein muss, weil sie sich auf eine bestimmte Zeit auf der Ebene des

Empfindens befindet, denn das Gefühl zu Etwas ist in den Raum verteilt aber das Etwas die Koordinate in der Raumzeit.

Fachspezifischer ausgedrückt bedeutet dies, dass diese Zeit prägend ist für das Empfinden und dessen Dauer, da nur mit ihm Pluralitätsveränderungen so und örtlich dementsprechend gebildet werden, dass die Basisstruktur für die Bildung der Wirkung kenntlich wird. Dabei ist das Bilden von Wirkungen das Modul und dessen Wirken die Wirkung. Das heißt, dass das Modul der Zentralpunkt ist, an dem sich Kraftformen nach ihrer die Richtung und Schnelligkeit angegebenen Kraftgröße entsprechend so haften, dass mit der Haftung die Struktur bereits erfolgt worden ist für die Wirkung und damit der der Hilfsspektren auch, die sich ihrerseits im Verhältnis zur spektralen Dauer stehend an den Zustand oder an dessen Ziel, den Produkten von Hilfsspektren, haften, von wo entstandene Zentralpunkte mit dieser veränderten Energieform Wechselhaftigkeit steuern bei der Suche nach weiteren Zentralpunkten für Perspektivierungen aller Art und Möglichkeiten. Aus Gründen der Stabilität, die nur, wenn sie beweglich gehalten wird, stabil sein kann, wofür die Systematisierung zuständig ist, die indem sie als die suchende Eigenschaft (Kraft) für die Verstofflichung von Systemen sorgt wie z.B. die Bildung einer Koordinate im Zwischenzustand der Unordnung in der Singularität (der Zustand) der Unordnung der Bindung -Trennung von Molekülen.

Daraus lässt sich herleiten, dass der Zwischenzustand der Unordnung der Bewegungsraum für die Bindung -Trennung Reaktion von Molekülen ist und die Singularität der Unordnung der Beweglichkeitsraum für den Bestand von Molekülen.

Wenn nun von der Sache ausgegangen wird, dass der Verbrauch (Beweglichkeit) an Energie für die Ordnung bereitgestellt wird von der Unordnung, selbst das Verbrauchen (die Bewegung) dieser Energie nur unter diesen Umständen und innerhalb dieses Bereiches möglich ist, dann spielt auch die Verteilung der Massenkraft und -größe in der Unordnung eine bedeutungsvolle Rolle. Sie ist deshalb wichtig, weil sie die Bezugsklasse für die Ordnungsspektren ist, geeignete Bewegungsräume zur Verfügung gestellt zu bekommen, wobei die Eignung in der Entsprechung des Energiegehalts zwischen Bewegungsraum und dem auf ihn fallenden Spektrum liegt.

Also benötigt die Kausalität gemäß der Situation eine konstante Energie oder Energiekonstante, um nicht nur in dieser Form Kausalität zu verursachen, sondern auch damit spezielle und allgemeine Dependenzen sicherzustellen.

Was spezielle Dependenzen angeht, kann hierfür das Wirkungsmodul als ein Teilfaktor in Anspruch genommen werden.

DIE REGEL DER VERÄNDERLICHKEIT BESTIMMT DURCH BEDÜRFNISSE

Aufgrund der Lösungen von bisher hergestellten Ordnungen durch andere hat das Wirkungsmodul seine eigene Unordnung.

Sie ist das kleinste Modellchen einer Gleichgewichteinheit für Reaktionen während molekularer Prozesse, wobei die Zeitform auf die Grundstruktur der Beweglichkeit hinweist.

In dieser Minimalgröße an Unordnung fällt das Ordnungsspektrum auf die durch den Koordinatenverkehr gewonnene Schwerlage (der Bewegungsraum), die selbst als ein Zustand sich der Natürlichkeit der Wechselhaftigkeit beugt.

Das heißt, dass sich die Schwerlage der situativen Wirkung anpassen muss, damit sie in und wegen der notwendigen Umkehrenergie aktiv als Energieverbraucher oder passiv als Energiespender an der Notwendigkeit teilnimmt.

Trotz Differenzen in der Wirkung und deshalb als Ausgleich mehr oder weniger im Bewirken und umgekehrt findet die Eigenschaft beider – die Energiekomponente der Schwerlage und des

Spektrums bezüglich z.B. der isotopischen Dichte- ihre Entsprechung in bekannten Verhältnissen.

Schließlich kann nur so die chaotische Kausalität unterbunden werden, die der Anfang für die Forderung nach einem Unabhängigkeitsverhältnis wäre, dass sein Ende im kausalen Chaos hätte, im Zufallsmodus. Aber die Existenz eines Chaos ist nur eine Vorstellung über eine maßlose Sinnlosigkeit chaotischer Verhältnisse von relativ kurzer Zeitspanne. Denn in solch einer Unordnung gäbe es die plastische Statik Leben und Sterben erst gar nicht, da die produzierte Kraft der Beweglichkeit, ohne dass sie je verbraucht würde, selbst das Mittel für die Zerstörung wäre bereits mit der Entstehung der chaotischen Verwirklichung. Deshalb bekommt die Entsprechung die notwendige Merkfähigkeit, vertraute Teilchen im Rahmen der durch die Koordinaten gebildeten Dimensionen zu halten, um Strukturen zu koordinieren für die Konstellation.

Je nachdem, ob diese Dimensionen als Quanten – also messbare (Mindest)Menge an Koordinaten als ein Kernsystem- für ähnliche oder differenzierte Merkmalisierungen handeln, oder ob sie als die Struktur der Zykluskonstante Kraft in Energie umsetzen, wechselt ihr Pflichtbereich entsprechend der Anziehungs- und Abwehrkraft des Bedarfs. Komplexer wird das Gebilde der strukturellen Begebenheit, wenn mit der wachsenden Bedarfszahl aller Bezugsparteien Differenzen ihre gegenseitige Auflösung für die Notwendigkeit der jeweiligen Schwerlage bis an den Grenzpunkt, wo die Wirkung der Bedürfnisse bereits begonnen hat, nachzulassen, verzögern. Während dieser Verzögerung, muss sich die Notwendigkeit nach Bedürfnissen unterscheiden, weil in diesen die Entsprechung zitiert ist.

So wird aus diesen Bedürfnissen die Relation für die Veränderlichkeit, die der Unordnung das jetzige Notwendige, den Bedarf einer weiteren Schwerlage, meldet.

Und je mehr Schwerlagen unter solchen Verhältnissen in einem Modul gebildet werden, desto weniger Raum bleibt der an einen der verdichteten Sachlage entsprechenden Ort gedrängten Unordnung.

Erklärbar ist die Verdichtung anhand der Abweichtechnik der Asymmetrie. Diese Technik handelt nach dem Prinzip, aus Stoffteilchen von Zwischenzuständen, die noch nicht in gewisse Zustände eingegangen sind, ein Verdichtungsprozess zu steuern – unter der Voraussetzung, dass eine (Mindest)Verträglichkeit zwischen ihren Stoffwerten besteht. Die Steuerung verfolgt nur eine Absicht aber – wie die molekulare Modelisierung- mit einer Gliederung für diese als Ordnung.

DIE ASYMMETRIE UND IHR WEG VON DER UNORDNUNG ZUR ORDNUNG

In der Entwicklungsphase, wie schon erwähnt, befinden sich lose Stoffteilchen (=Quantenteilchen) auf Schwerlagen. Mit Zunahme an Massivität werden schließlich daraus Schwerlagen oder Linien, die Schwerlagen miteinander verbinden, so dass mit ihrer Wärmezufuhr die Verdichtung zu Bahnen beschleunigt wird, bis endliche Dichte erreicht wurde, das heißt, dass aus all diesen Schwerlagen eine einzige geworden ist.

Jedoch hat die Massengröße einer solchen sich hier für die Ordnung organisierende Kohäsion wenig zu tun mit der Effektivität, Unordnung effektiv zu gestalten. Vielmehr sind es ihre charakteristischen Merkmale asymmetrisch molekularer Erzeugnisse, die in ihrer Menge eine geartete Energie sondern. Weil sich für die Bildung dieser Energie die Merkmale gegenseitig beeinflussen müssen – also stören, kann diese Energie trotz dieser Einwirkung zwar konstant bleiben, aber durch dieses Prinzip nur über die evtl. Größe einer Expansion von Lichtwellen ahnen lassen. Dessentwegen wäre eine Lokalisierung von Unruhebereichen unberechenbar, was die folgende Begründung mit sich brächte, dass im kommunikativen Programm nie etwas den Erwartungen aller Bezugsparteien exakt entspricht. Das Fehlen von Präzision – die

Seele der Asymmetrie, sofern es im Rahmen der Entsprechung fungiert, hat aber keinen negativen Effekt. Im Gegenteil durch es wird die Absicht, sich um den Erhalt der Unordnung zu kümmern, bereits mit der Entwicklung jener Energie, durch die Entwicklungsweise mitgeteilt. Denn, wenn dem nicht so wäre, würde es gar nicht Lösungsprozesse geben.

In der Quelle der Lichtwellen ist diese Energie als Ballast vorhanden, der beim spektralen Ereignis ihre effektvollen Stoffteilchen verhältnismäßig den Forderungen aller Bezugsparteien ausgleichend verteilt. Dabei geht es um die Regelung der gesamten Verhältnisse, indem die Bereiche entsprechend der örtlichen Notwendigkeit mit diesen Stoffteilchen bearbeitet werden. Erkennbar wird das Gewicht der Notwendigkeit erst ab einer bestimmten Nähe durch die Anziehungskraft der mittlerweile für die Unruhe tatsächlich gekennzeichneten Orte.

Kurzum: Die Aufgabe der Stoffteilchen liegt entweder darin, den Ausgleich von etwas zu bekräftigen, oder im umgekehrten Fall die Unausgeglichenheit von etwas zu entkräften.

In beiden Situationen ist die Vorsorge für den Gewichtsausgleich getroffen. Daraus lässt sich feststellen, dass die gemeinhin dem Ausgleich dienenden Stoffteilchen jener Energie als Störmateriale betrachtet werden müssen. Deshalb, weil die Asymmetrie nur im Empfinden einer Unordnung nach Ordnung empfinden kann.

Da mit dem Begriff Empfinden eine Sehnsucht nach Wiederkehr in Beziehung gebracht werden kann, soll(te) die Intensität von Empfindungen in Grenzen der Flexibilität gehalten werden, sonst kann mittels der Wechselwirkung eine expandierende, nicht lösbare Zerstörungskraft geschaffen werden. Auf der anderen Seite besteht aber dank dieser Wechselwirkung nicht mal die Gefahr für eine Zerstörungsphase.

Denn, während der Wechselwirkung wirkt das Gesetz der Abhängigkeit, innerhalb dessen Wirkung die Notwendigkeit von Verhältnissen geregelt wird.

Das Gewicht der Regelung –die Richtlinie, bei der Energieverbrauch zustande kommt- wird nach der Intensität von Anpassungsschwierigkeiten auf dem Weg zur Bezugslinie festgelegt. Das heißt, dass die Wegeslänge sich gemäß der Richtlinie verändert, und deshalb sich Unterschiede in der Aktivitäts- oder Passivitätsdauer von einzelnen Bezugsparteien ergeben. Aus diesen Raum-Zeit Konsequenzen werden (An)Gewohnheiten merkfähig(er) gemacht, die unverzichtbar für Regelmäßigkeiten (in) der Wechselhaftigkeit sind, weil, ungeachtet in welchen Abständen sie vorkommen aufgrund ihrer Differenzen oder Differenzmöglichkeiten, Regelmäßigkeiten eine Abhängigkeit zur Raumzeit zeigen, die sie notfalls den Umständen entsprechend veränderlich macht für Veränderungen von (An)Gewohnheiten.

Schließlich sind es diese (An)Gewohnheiten, die als die Merkfähigkeit und -tätigkeit in die Moleküle geformt werden während ihrer Suche nach elementaren Lösungsparteien, damit die durch Prozesse gewonnenen Molekularprodukte eine

Veränderung für die Beweglichkeit oder Bewegung annehmen, so dass überhaupt die Wechselwirkung abwechselnde Stellungen einnehmen kann, wozu sie auch durch die Prämisse der Veränderlichkeit gezwungen wird.

Diese Veränderlichkeit wird erheblich beschleunigt durch den zur Bezugslinie führenden Weg. Wenn zwar die Bezugslinie der Ort der Berührungspunkte ist, wo sich Systeme molekulare Partner für die Systematisierung suchen, sie auch genau dort für Lösungen und als Lösungsmethoden finden, so schafft das turbulente Energieverhalten um den Weg eine Zirkulation der Bezugslinie herbei.

Gerade mit dieser Energie emittierenden und verhältnismäßig vervielfachte absorbierenden Zirkulation kann die Systematisierung wegen der nun erzeugen Schnelligkeit zentralisiert werden, da ihre Ordnungen stets von den für sie geeigneten Bewegungen abweichen. Das Abweichen selbst ist wieder ein Inbegriff für die Asymmetrie. In dem Fall der Ordnung nimmt sie an der Bewegung nur indirekt als ein passiver Bezugspartner teil. Aber

die Situation ändert sich, wenn sie eine der
Zentralstellungen einnehmen muss, damit die
Bewegung bewegt wird.

DIE PARALLELITÄT UND DIE UNVERLETZLICHKEIT DES GRAVITATIONSGESETZES

Nicht allein ist es aber die Sache der Asymmetrie.
Jede körperliche Einheit erfüllt ihre Pflicht, je
nachdem, wie sie für die Funktionalität erforderlich
ist oder besser –aus Gründen der Verfehltechnik-
für die Funktionelle Absicht wird, womit
ausgeschlossen wird, dass Beweglichkeit und
Bewegung zusammentreffen und eine
wärmebedingte Explosion verursachen. Bezüglich
der Asymmetrie würde dies die Vernichtung mit
dem eigenen Wärmegegenstand bedeuten.
Demzufolge arbeitet die Asymmetrie nicht nur, wie
schon dargestellt, um den Gehalt von Effekten oder
die Komplexität von Zuständen zu einem Gewissen

zu formatieren, sie lässt auch für sich tätig werden. Dies geschieht mittels der korrelierenden Wert(inhalt)e jener Formate, mit der eine Umkehrproblematik, wie z.B. der Wechsel von Beweglichkeit zur Bewegung und umgekehrt, gelöst wird.

Zuvor muss aber die Frage geklärt werden, wie diese Wechsellösung ihre Prämisse erfüllt oder erfüllen lässt, ohne das Gravitationsgesetz zu verletzen. Im Blickfeld dieser Untersuchung steht die Ordnung als ein Ausgangszustand. In dieser Ordnung lassen sich bestimmte Stoffteilchen für die Modularisierung an einen wegen Parallelität berechenbaren Punkt anziehen. Das nun Modularisierte selbst ist die gebildete Ordnung aus der Ordnung, welcher letzteren jetzt eventuell die nötige Konsensmenge für den eigenen Weiterbestand fehlen. Das heißt: Sie muss stets in Relation zu der gebildeten Ordnung stehen. Dessentwegen holt sie sich mit der Anziehungs- aber auch der Abwehrkraft ihrer Stoffteilchen, um gleichzeitig mit diesem Prozess die Stabilität der

Beweglichkeit nicht außer Acht zu lassen, in der Maßlänge der verbrauchten Energie Stoffteilchen von erreichbarer Entfernung, bis sich in ihr eine für die Relation ausreichende Unordnung gebildet hat – eine nun endlich gemachte Masse von Unordnung für die bevorstehende Ordnung.

Erst nach Beendigung von Parallelität kann sich evtl., wenn durch die Verdichtung und Polarisation des Moduls auf einen von der Wirkungsstärke her größeren Neuzustand hergeleitet werden kann, eine zum Modul relativierte Öffnung unterhalb des Moduls realisiert werden. Es ist der elektromagnetische Teil, der für einen Bruchteil die Oberfläche der Unordnung wird, um sich in und zur Ordnung zu modifizieren.

Obwohl sich in diesem Falle eine Zustandsvergrößerung ereignen wird, leidet die Gravitation nicht darunter. Denn mit der Parallelität, deren Berührungspunkte die dazwischen fallenden Wellen sind, und mit Hilfe der Magneten eine Parallaxe gebildet wird, als ein unablässiger Faktor für die Zustandsbildung, ist der Anfang für die Unverletzlichkeit des Gravitationsgesetzes gegeben.

Aus einer anderen Perspektive: Das Spektrum kann nur auf ein mit Unordnung modifiziertes Formfeld seines Ausgangszustands fallen, also auf ansprechende, bekannte Verhältnisse, den gewissen Entsprechungen. Diese Tatsache ist dadurch erklärbar, dass sich eine Modularisierung nur im Ausgangszustand verwirklichen und befinden kann. Aus Gründen der Relation zwischen der gebildeten Ordnung und Unordnung kann der Umfang variabel gemacht werden, wobei sich , deshalb, da die Relation selbst der Grund für die Zirkulation der gebildeten Ordnung und dadurch der Unordnung ist, die Variabilität des Umfangs auf Modifikation des Radius beschränkt. Das ist auch die Ursache dafür, warum im Ausgangszustand manche Stoffteilchen den Mangel der ihnen durch die Modularisierung entzogene Partikel intensiver empfinden als andere, so dass ausschließlich diese das Empfinden nach einer endlich gemachten Unordnung haben müssen.

Mehr können es auch nicht sein, weil die Rede von einer Entsprechung der Wechselwirkung während einer Zustandsbildung dann sein kann, wenn, abgesehen von den alle Bezugsparteien betreffenden Abweichungen, die Größe des Mangels auf qualitative und quantitative Parallelität zu der Modularisierung beruht, aber auf Polarität.

Polaritäten können aber erst durch eine modifizierbare Neutralität im Ausgangszustand mittels der Wechselwirkung als Vervollständigungsprinzip der zuständigen Absicht und deshalb in Zeitfolge einer für das Prinzip relevante Wieder- oder Rückkehr realisiert werden.

Dass sich Modifikationen mit ihren (end)gültigen Merkmalen überhaupt polarisieren können, ist mit Einwirkung des Magnetfeldes möglich.

HOMOGEN IST, WAS HETEROGEN WAR

Ein Magnetfeld ist dann zugegen, wenn Magneten, die in der Unordnung verteilt und heterogen vorzufinden sind, mit ihrer Aktivierung eine homogenisierte Fläche ausmachen, die zur Oberfläche der Ordnung wird, von wo sie im entsprechenden Maß zur Wirkung ausgewählte Stoffteilchen für die Modularisierung anziehen.

Wächst aber der eigene Bedarf an homogenen Magnetteilchen an, so ist dies das Zeichen dafür, dass auch Energiemengen der Stoffteilchen Magneten auf dem Feld zu Polarisationen – Homogenität - zwingen können. Dinge können nur homogen sein, wenn sie in den Vorzeiten heterogen waren, um homogenisierbar gemacht zu werden, was sie dann auch in Abhängigkeit zur dimensionsreichen Zeit werden.

Oder es können aus der Heterogenität genug Menge an Homogenität für homogene oder heterogene Prozesse – wie Akzeptanz oder Reflexion der Spektrenwellen- zur Verfügung stehen.

Hingegen Heterogenität allgemein, gerade als eine konzipierbare Statik, verhindert, dass Maßnahmen und deshalb auch Lösungen unveränderlich dingfest gemacht werden können. Der Grund hierfür ist die Vielfalt der Entfaltungsmöglichkeiten von Heterogenität, die nur so die Strukturierfähigkeit der Zeit unterordnen können, weil sie sie nicht nur im Dienste künftiger Bedürfniserscheinungen der heteromorphe Strukturierfeinheiten stellt, sondern auch den Dingen in ihre Differenzierbarkeiten so einwirkt, dass den Raumzeiten weder Maß noch Wert als eine gesamte Größe während der Homogenisierung an sich verloren geht.

Nun, abgesehen von der Homogenität der Magneten oder des Moduls, tritt ein anderes, von beider Homogenität abhängiges, Verfahren ein, indem es während des elektromagnetischen Koeffizienten sein Modifikationsproblem für die eigene Polarisation in genötigter Form lösbar macht.

Der erste Schritt liegt darin, dass diese Bezugspartei die Ordnung –den Ausgangszustand- in eine endlich gemachte Unordnung modifizieren muss. Diese Ordnung kann die Entropie selbst sein, das die Folge zur Ausdehnung hätte, oder in ihr können sich Entropien lokalisiert haben, die wegen der asymmetrischen Notwendigkeit dazwischenfunken müssen, um nicht eben die Grenze zwischen Beweglichkeit und Bewegung zwangsläufig zu strapazieren. Sich im Zustand der Entropie zu befinden, bedeutet, dass die Stoffteilchen die Eigenschaft der Zeitkonstante angenommen haben, um ihr Kontingent abzuleisten, indem sie jetzt die Rolle des kompakten Bewirkers umsetzen, wegen dessen der elektromagnetische Zustand für die Wellenausbreitung bewirkt wird. Trotz einer Anpassung zur Wechselwirkung, weil diese sich durch das Erbe von (historisierten) Reflexionsmomenten der Vergänglichkeit als eine

Formmasse im Zeitpfeil der Gegenwart anpasst, legt die entropische Determination das Wann und Wo des Wellenvorgangs fest. Aber nicht nur das, denn in dieser Folge ist die Entropie der

Faktor für die Variabilität des Radius'. Das heißt: Würde durch den Entropieergeiz die Wirkung des Neuzustands geringer gehalten, als es im

Ausgangszustand in der Vergangenheit der Fall war, so hätte sich der Radius des Neuzustands im Vergleich zum alten verkleinert.

Im umgekehrten Sinne, muss, proportional betrachtet, den Stoffteilchen genug Zeit verblieben sein, nach weiteren, um der bevorstehenden Wirkung standhalten zu können, annehmbaren Stoffteilchen zu suchen, um mit diesen schließlich eine endlich gemachte Unordnung verursacht zu haben. Zudem können sich die Stoffteilchen angesichts der Tatsache einer Radiusvergrößerung noch nicht zu einer Verdichtung anziehen lassen, deswegen, weil Magneten in Schichten der Unordnung herumliegen, diese erst mit Ansetzen der Spaltöffnung des Moduls, kurz vor der spektralen Erscheinung, aktiviert werden. Bei ihrer Konzentration kommt zwar die Zahl oder Menge beider Polarisation der Entsprechung nach, doch Differenzen zeigen sich in den Wert(Inhalt)en, die aber ihrerseits innerhalb ihrer Konzentrationen über eine verbindliche Verträglichkeit besitzen, die sie geschlossen hält, um dann so mit Anstieg ihrer

Zahl die Verträglichkeit zu einer zunehmenden und nach der jeweiligen Position abziehbare Dichte – Verbindlichkeit- beschleunigen zu können .

EIGENSCHAFT UND FUNKTION VON DICHTEN

Dichten haben unterschiedliche Funktionen. Beispielsweise die Dichte als das Energiemodul wurde schon bei der Modularisierung für ihre Wirkbarkeit und beabsichtigte Wirkung –die Empfindsamkeit und die Absorption während des spektralen Wirkens- entweder emittierbar gemacht oder auch nicht oder nur ein Teil davon.

Angenommen sie ist für die Emission zulässig, dann wird sie von der anderen Dichte als Konsequenz in veränderter Form als ihres Ausgangszustands zurück emittiert.

Parallel zu diesem Ereignis, da sich genau dort eine Übergangsform eingesetzt hat, muss die Magnetdichte mit ihrem Feld als eine physikalische Masse, um mittels ihrer Unterstützung den direkten Kontakt der Wirkung von Spektrenwellen zu vermeiden, die zu Deformationen oder gar zu Zerstörungen von Magneten führt, in ihre Schichten zurück.

Zwischen der physikalischen Masse und der Magneten kommt es zu einer Interdependenz, die sich nicht nur darin beläuft, bis zu einem Punkt, ab der sie sich den Gesetzen der Unordnung unterordnen muss, die Schnelligkeit des Fortziehens zu beschleunigen, wobei die Geschwindigkeit auch durch die Wirkung der Spektren erhöht wird. Denn mit ihrer Aktivität ordnet sie auch die Verhältnisse Wirkung und Möglichkeiten von den anderen zwei Bezugsparteien, indem sie zu einer Parallaxe zusammengeführt werden durch die davonziehenden Magnetpole, in ein Glied, uneingeschränkt davon, inwiefern die Regularität umstandshalber modifiziert wurde, da Anpassungsschwierigkeiten die Regel in der Gestalt der Anpassung erträglich machen.

Eine andere Eigenschaft der Dichte als Konsequenz ist, dass sie bei der Übergangsform Variabilität zeigen kann. Das heißt: Es obliegt dieser Dichte gemäß der Fallstärke der Wellen (Ober)Flächen (aus)dehnbar oder zusammenziehbar zu machen.

Hingegen aber, aufgrund der zwischenzeitlich auftretenden Unterschiede in der Schnelligkeit beider Ausbreitungen, was in den Absichtsbereich der Entropien fällt, da ihnen trotz Mangel oder Überfluss an Teilchen das Teilnahmerecht an der Zustandsbildung gewährleistet ist, müssen einige Stoffteilchen unbedingt der Unordnung verbleiben, wofür sie mit dem Unterschied sorgt, um über Entsprechungen für Neuzustände zu verfügen.

DIE QUANTENMECHANIK AUS DER MAKRO- UND MIKROPERSPEKTIVE

Um dieses Thema nicht weiter zu verzerren und auf einen Nenner zu bringen, bedarf es seiner Quantenmechanik aus zwei Sichtweisen:

1. Aus der Makroperspektive betrachtet lässt sich folgendes anmerken:

Die Unordnung ist ein atomares kreisförmiges Gebilde. Ihr Zirkulieren ist abhängig vom Radius der dadurch der Unordnung Sphären schaffenden Ordnung und dessen Möglichkeiten an Differenzierbarkeiten. Die eigentliche Grundbedingung für Zentralitäten bei Ordnungen wird mit der Realisierung dieser Möglichkeiten erfüllt. Das heißt, dass die Veränderlichkeit des Radius' Verschiebungen von Ordnungen ermöglicht, aus denen elliptische (Umlauf)bahnen werden für die Sicherung der Auswahlmöglichkeiten von Drehungen um die eigene Achse und um die für Ordnungen verfügbar(er) gemachte (Teilchen von) Unordnung, damit sich durch Austauschmöglichkeiten im Sinne von "In die Unordnung aussenden und von ihr für die Ordnung empfangen", molekulare Zustände ihre physikalische Natürlichkeit gewinnen.

Hierfür die Sonne als ein Beispiel auf sprachlicher Ebene:

a) Feststellung: Das ist die Sonne.-------------→Das Bild der Sonne wird verinnerlicht, ist verfügbar gemacht worden.

b) Tatsache: Die Sonne wärmt.--------------→Die Bezugsgröße zur Sonne wird im direkten oder indirekten Verhältnis erweitert.

c) Die Konzentration zur Sonne im Gefühl der Bewunderung----------------→In der Konzentration beginnt das Werden zur Sonne.

2. Die Mikroperspektive lässt sich am Ausgangszustand konkretisieren. In dieser Angelegenheit sollte in groben Zügen die Beschaffenheit und die Struktur des Atoms als ein Dreiecksmodel zueinander in Beziehung gebracht werden. Nun, im Ausgangszustand befindet sich ein Modus an Neutralität – die Neutronen. Genau in jenen Bereich, wo sich entsprechend der sich durchgesetzten Wirkung eine Koordinate nach einer Entwertung gebildet hat, strahlen die Neutronen Reize aus, solange und sooft, bis der Ort kenntlich gemacht ist.

Dies gibt aber auch den sich in der Reichweite der
Reize aufhaltenden Elektronen –der ersten Gerade-
Anlass, die Ex-koordinate als eine Orientierung für
die eigene Lokalisierung zu sehen, so dass sie sich,
ohne das Gesetz des Abstands zu übertreten,
dessen Länge der der Reize entspricht, in einer
bestimmten Lage wie diagonal oder parallel u.a. zur
Ex-koordinate ansammelt. Dabei spielt die mit
Reizen fundierte Wirkung der Ex-koordinate eine
Ausgangsrolle. Denn, dass es in der Abfolge
überhaupt zu einer Emission oder auch zur
Reflexion kommen kann, ist darauf
zurückzuführen, dass bevor die Energiequanten ein
Modul bilden, sie sich unter Berücksichtigung einer
bestimmten Entfernung mit den Reizen als
bekannte Verhältnisse vertraut machen müssen,
die sie mit unterschiedlicher Strahlenlänge und –
breite annehmen und zur Modularisierung tragen.

Abgesehen davon, dass manche Energiequanten zu
den Elektronen zurückkehren, damit auch ihr Tun
auf Vertrautheit basiert, wenn wieder
Energieerfordernisse angezeigt werden, wird die

Stärke der Reize mit der Länge des Weges zur Modularisierung schwächer, was auch sein muss, da ein neuer Zustand nie auf Gleichheit beruhen kann und da Teile der Reize unbedingt in die Unordnung eingehen müssen, denn nur dann sind sie modifizierbar verfügbar für Ordnungen (die Entsprechungen). Und ist die Mindestmenge von Reizen in Relation zur Energiemenge verblieben, ist auch die Aufgabe dieser Elektronen für diesen Ort und Bereich fast beendet.

Denn, ab einer bestimmten Mindestmenge der Verdichtung, da dies auch als Richtmass der Entropie Einhalt gebietet, keine verfrühte Maßnahmen zu ergreifen, nimmt das Tätigkeitsverhältnis unter dem Einfluss der verminderten Zahl der Elektronen ab.

Das heißt: Der Energiegewinn ist bis zur Öffnung des Moduls, um dessen Zusammenhalt zu konsolidieren, auf das Nötigste gesunken, wobei bereits einige der Elektronen ihren normalen Ruhezustand angenommen haben.

Schließlich: Die Energiereize aktivieren die Magneten auf der (Ober)Fläche, von denen sie angezogen werden, aber auch kraft der Wechselwirkung diese sich selbst anziehen lassen; dort bilden sich dann die zwei Module von unterschiedlichen Kenngrößen.

Die zweite Gerade im Dreiecksmodel stellen die Protonen dar, als die unmittelbare Potentialkonstante der Unordnung und so der Ordnung.

Ihr Organisationsprinzip hängt, wie bei allen Bezugsparteien, von vielerlei Dingen ab, insbesondere von der Relation zu Beschaffenheit des Atoms aber von der Interdependenz zu Atombindungen und Molekularkräften.

Diese zwei Besonderheiten sollten deshalb getrennt behandelt werden, weil sie unterschiedlichen Dimensionen zugeordnet sind.

Das letztere, mit Bedacht, dass Molekularitäten mit ihren physikalisch-chemischen Prozessen den Materien ihr spezifisches Verzellichen gängig machen, ist die Determinierbarkeit der und für die Dauer bei Zustandsveränderungen.

Und in dem Maße, in welchem die dieser Sache bezügliche Zulässigkeit Modifizierbarkeit in der Regel akzeptiert, ist es den Bindungsmaterialen gestattet, sich für diese Zwecke ebenfalls dienlich zu machen. Von diesem Konsens machen die Protonen Gebrauch, nachdem sich die Entropie oder Teilchen von ihr als diese verdichtet und ihre entropische Signale bedarfsgetreu mittels der Quarks vor gesendet haben, so dass unterdessen aus den Nebenprodukten von Zuständen, die die Bindungsmateriale und/oder in sie eingegangen sind, eine entsprechende Zeitstruktur zum jeweiligen Zustand sichtbar geworden ist, welche die Signale und gleichfalls das ihnen folgende Modul auf ihre Bahn lenkt.

Mit anderen Worten: Die Zeit ist die Relation zu Etwas. Deshalb muss sie zum Etwas auf dem Material des Erinnert Werdens –dem gewissen Raum- geführt werden, wofür die Nebenprodukte geeignet sind, aus dem Grund, dass sie Teilchen von vielen Etwas sind und die Verwendung von Zeitformen für künftige Ereignisse mit beeinflussen.

Im Gegensatz dazu, erfüllt das Erstere, die Beschaffenheit von Atomen, die Prämisse für Organisationsvorgänge auf Bezogenheit zum Dinglich Machen aus Dingen.

Das heißt, dass dank der im Atom, als das kleinste Model einer chemisch-physikalischen Quelle, platzierten Bezugsparteien, den Nukleonen und Elektronen, koordinationsreiche Raumzeiten in Räumen mit ihrer charakteristischen Existenz geschaffen werden.

Und um Anpassungsschwierigkeiten zwischen der Raumzeit und der Zeitstruktur –die Zeit der Raumzeit- auszuschließen, ist und wird die Zugehörigkeit von Dingen zueinander von der Eignungs-(menge) zu asymmetrischen Bedarfskonzepten abhängig gemacht, wodurch eben jene Nebenprodukte entstehen.

DAS DINGLICH MACHEN-DER RAUM FÜR DIE RAUMZEIT

Was nochmals das Dinglich Machen aus Dingen angeht, sind diese geladenen Bausteine, die Nukleonen und die Elektronen, nicht die alleinigen oder selbstständig Tätigen Organisatoren.

Wegen ihrer Quantifikationen benötigen sie Hilfskomponente, welche die Elementarteilchen ausmacht. Sie bieten mit ihrer Eigenschaft, sich proportional für (Re)Aktionen ihrer Bezugsbereiche zu strukturieren. Auch können sie selbst die Bezugsgröße als Teil der Bezugspartei im Quantensystem sein. Oder sie können in der noch wichtigen Position fungieren als die entscheidende Merkmalfigur für dadurch speziell gewordenen Zustandsveränderung oder für die Energie des Moduls entsprechende Idee.

Die Vielfalt dieser Strukturierungsmöglichkeiten – der Raum für die Raumzeit- lässt, in welcher Bedingtheit auch immer, dinglichen Anpassungsschwierigkeiten kaum Raum.

Denn durch diese Vielfalt werden (Steuerungs-)Prozesse ihrer Bezüglichkeitsbereiche so gewiss, dass sie nur über die Maßquante verfügen, die für die jeweilig bezügliche Asymmetrie als Ursachequante in Frage kommt. Aber nicht nur das. Da sie die kleinsten Bausteine sind und Teile einer geschlossenen Ordnung, entlasten sie die sich im Hierarchiebau oben befindenden Größen, welche die Grundbausteine leiten, aber nur weil sie von diesen leitfähig gemacht worden sind, mit immensen von organisatorischen Aufgaben. Mit diesen systematischen Gefügen wird der Beitrag dafür geleistet, dass die Bezugsparteien im Atom – die Nukleonen und Elektronen- ihre eigentliche Funktion konzentrationsfähiger in Umlauf bringen. Aber auch, damit sie, falls sie nicht über die notwendige davor konsolidierende Merkmalfigur verfügen, nicht durch direkte Kontakte Belastungen ausgesetzt sind, die sie behindert oder entkräftet. Wenn dem so wäre, wäre dies die Ursache für problematische Entwicklungen, weil ohne dieses Quantensystem und dessen Wechselhaftigkeit in und zu Größen könnten keine

Zustandsveränderungen, die Relation Unordnung - Ordnung, eingeleitet werden.

Hingegen, je mehr gebietsverwandte Ordnungen geschafft werden, desto effektiver können Bezugsquanten der Entropie das Verstofflichen von etwas bis hin zu Bezugsparteien im (Quanten)System realisieren. Auf diese Weise sind sie berechtigt dazu, andere Bezüglichkeiten bis zu einer bestimmten Zeit(Periode) und nach ihrer Annahme einer Modifikationsmöglichkeit abzulösen oder ihresgleichen für die Konstante zu stabilisieren.

Bisher ist der Zusammenhang von Bezüglichkeiten vor allem in der Hinsicht von Bezugsparteien, darauf ausgerichtet gewesen, diesen Erörterungsgegenstand aus verschiedenen Perspektiven zu einer Ganzheit zu erschließen.

Nun liegt das Interesse darin, diese Bezugsparteien, gerade weil sie (natürlich auch die Bezüglichkeiten) die Ursache von Zustandsbildungen sind und verstofflichen, mit anderen Benennbarkeiten bekannt zu machen. Wenn zwar verlagert auf eine abstrakte Ebene, so zieht doch der Umstand eine Konkretisierung der Sachlage in Betracht. Obwohl sich dieser Umstand auf alle Körper im Universum gleichermaßen übertragen lässt, darf etwas, was die Verschiedenheit von Körpern erklärt, nicht unberücksichtigt werden.

Es ist das Maß, das aller Bezüglichkeiten in Bezug auf Prozesse aller Art. Es verfügt über gattungsspezifische Merkmale, welche den Schwerpunkt bei der Kennzeichnung von (Lebe)wesen und der Besonderheit ihrer Singularitäten festlegt. Was beispielsweise den Menschen zur Kategorie Mensch zuordnet, liegt im Maß des ihn als Mensch kennzeichnenden Ideals begründet. Und was sein Dasein und seine Persönlichkeit kategorisch machen, ist die Vielfalt der asymmetrischen Andersartigkeit.

DIE SYMMETRISCHE PERSPEKTIVE DES ATOMVERHALTENS

Nun zum Angesprochenen, den Bezugsparteien und ihren Namensänderungen: Die Neutronen sind als die letzte Gerade des Dreiecks eine von den drei Bezugsparteien im Quantensystem. Ihre Beschaffenheit zeichnet sich darin aus, als Träger der Seele zu funktionieren. Mit ihren Reizen strahlen Neutronen als Anknüpfungsmaterial eines Anfangs zum neuen Zustand das zurück, was sie davor während der Zustandsbildung zum proportionalen Verteilen untereinander quantenmäßig von den Protonen, dem Verstand, bekommen haben.

Die auf Größe und Zahl basierende Differenz zwischen den Protonen und Elektronen –den Sinnträgern- ist auf die Relation zurückzuführen, genauer auf die ihrer getrennten Funktionen mit der Prämisse für die Ganzheit.

Das Quantenformat der Elektronen und ihre Vielzahl ist bestens geeignet für die Funktion

Modularisierung und auch dafür, aus ihrer Beschaffenheit Empfindlichkeit zu produzieren, um mit ihrer Art von Beweglichkeit sich für Reize von den Neutronen empfangsfähig zu verändern. Hingegen begünstigt die Protonengröße die Aufnahmefähigkeit der Protonen bei der Zustandsbildung und auch, dass die Zustandsübertragung an die Neutronen ohne große beabsichtigte Verluste erfolgt. Weiter ist sie ein wichtiger Faktor für die Schaffung von Unordnung innerhalb einer Quantenzeit.

Beide, sowohl die Protonen als auch die Neutronen, befinden sich im Atomkern. Der Atomkern kann ebenfalls durch eine andere Bezeichnung ersetzt werden, dahingehend, dass die Rede von einem Atom im Atom mit differenzierter Beschaffenheit gemäß ihrer Funktionalität sein kann. Aus dieser Perspektive würde das Innenatom das Werden und Fortbestehen des Außenatoms für das eigene Erhaltungsprinzip verursachen.

Für die Funktionalität in ihren Lebensräumen aber wird allen Bezugsparteien ein asymmetrisches

Konsens an Selbstständigkeit zuteil, wofür sie sich in der Raumzeit einlassen können, weil sie mit Hilfe der Bausteinchen, der Quarks und Leptonen, Anpassungsmateriale zu strukturieren (und nicht in jeder Situation:) deshalb für die Strukturierung strukturierfähig zu machen imstande sind. Zudem verhindert der hier arische Strukturbau die Selbstzerstörung der Protonen mit Auswirkung auf das Umfeld durch die elektrostatischen Maßnahmen.

Sie sind der Ausdruck von elektromagnetischen Verdichtungen. Diese selbst müssen in der Höhe das den Normalzustand kennzeichnenden Mindestmaß überschritten haben, in der es zu elektrostatischen Maßnahmen gekommen ist.

Als Quantenzustände halten diese den Verstand mit seiner eigenen von der Verdichtung erzwungenen Tätigkeit in Beschäftigung, um so Zirkulationsmöglichkeiten für übergeordnete Zustände und durch sie die Mittel für Umlaufbahnen zu schaffen. Dafür verwenden sie die Methode Ablenkungsmanöver, die sie auf den

Verstand ausüben, indem sie ihn so lange beschäftigen, bis sie ihm in der Zeit von seiner Kontrollkompetenz so viel positiv geladene Konzentrationsmenge entnommen haben, wie es sich als notwendig erwiesen hat für den jeweiligen Verwendungszweck, nämlich für die Entropie.

Andererseits aber mit Gewichtszunahme von Unruhen, da die Unruhe und das Gewicht in Relation zueinander Bestandteile der Beweglichkeit und Bewegung in den Gravitationsfeldern sind, kann der dabei entstehende (Nach)teil nur ausgeglichen werden durch die Inkonsequenz des Verstandträgers den Quantenzuständen gegenüber, womit er schließlich zu Neuzuständen veranlasst wird, vorausgesetzt das entropische Mindestmaß ist erfüllt. Demnach hat die Unruhestärke eine Wirkung auf die Radien von Zustandsbildungen. Das heißt, dass unter diesen Umständen den Verstandsträgern selbst die Ruhe fehlen muss aufgrund asymmetrischer Vorgänge, die im beweglichen Verstandskörper für Bewegung sorgen und Denkschemen –die Zeitstruktur- ihr beugen, weil sie sich der Bewegung anpassen müssen, als es verhältnismäßig dazu selten umgekehrt der Fall sein darf.

Denn dann würden sich die Quantenzustände so verringern, dass dessentwegen die Wirkung für Folgeursachen, auch der Gravitationsnotwendigkeit nach, unangebracht nachlassen oder zunehmen müsste.

ASYMMETRISCHE PERSPEKTIVE DES ATOMVERHALTENS

Bereits, wo Elektronen Impulsen nachsinnen, beginnt eine Beweglichkeit modifizierte Formen anzunehmen, währenddessen sie auch die räumliche Distanz zu anderen Räumen (zum Umfeld) bildet. Also setzt sich mit dieser lokal zentralen Systematisierungsklausel eine nach etwas Unbestimmbaren suchenden (Umkehr)Dominanz –die Bewegung- ein, deren Intensität sich der dort notwendig gewordenen strukturellen Formatierung anpasst.

Diese Umkehrdominanz ist das Bewirken -Lassen von etwas, weil es das Bedürfnis nach einem Wechselzustand empfindet. Und da das Bedürfnis erst in der Unruheproduktivität als solchen Gestalt angenommen hat, erklärt dies, dass das Weitere in den Zuständigkeitsbereich der Protonen fällt, von denen das Bedürfnis als ein Signal für ein Zustandswechsel erkannt wird. Mit der parallelen Unmittelbarkeit zwischen dem Erkennen und der Sättigung der Entropie tritt der Zustandswechsel dann ein. Aber das Erkennen erfüllt währenddessen noch eine andere Aufgabe. Denn, damit Wahlmöglichkeiten für Zustandsbildungen aus statischen Gründen erhalten bleiben können, entsteht mittels Erkennen eine stets für die Wiederverwendung geeignete, weil eben modifizierbar, Maßeinheit oder Weg für künftige Entropien als ihre Zeitstruktur.

Hier kommt der Teil der Quantenfunktionalität zur Sprache, bei der Begebenheiten auf die Absicht Zustandsbildung ausgerichtet sind. Unter diesem Aspekt liegt es im Ermessen dieser Absicht,

Bezüglichkeiten zu Interdependenzen zu modifizieren, um sie ihrer Not bewusst und deshalb abhängig zu machen, so dass als Ausgleich dafür Bedürfnisse gegenseitig angeboten werden als Lösungsmöglichkeiten für Veränderlichkeit und Veränderbarkeiten.

Dem Prozess wird in dem Moment ein Ende gesetzt, indem das Signal zu einer Lösung eine Zeitstruktur aktiviert hat.

Schließlich, als eine Antriebsursache in der Zeitstruktur, bewirkt diese Aktivierung, dass sich eine Verselbständigung in der Struktur formt, welche in den Wegordnungen der Zeitstruktur die Wegordnung der Aktivierursache wird und für künftige Relativität nun die modifizierbare Verfügbarkeit in den Wegordnungen ist. Oder es hat sich eine Konstante als Wegordnung verfügbar gemacht für die Modifizierbarkeit von anderen Zeitstrukturen.

Und da die Aktivierursache in Teile von Wegordnungen einwirkt, steht das darauf folgende

Geschehen unter ihrem Einfluss, nach ihrer Determination die Interdependenz zwischen Schnelligkeit und Strukturmasse so strukturierend zu regulieren, wie der Weg geordnet werden soll.

Daraus lässt sich erkennen, dass das Ende eines Prozesses zum Anfang eines anderen wird, und zwar eines, dessen Absicht in diesem Fall darin liegt, die Zeitstruktur für die Anpassung an ihre eigene Veränderlichkeit zu verändern, deren Stabilitätsgröße eben von der Aktivierungsstärke bestimmt und deshalb abhängig gemacht wird, damit es zu einer die Relativität betreffende Entsprechung zwischen Signal und Zeitlänge kommt. So gesehen entwickelt sich die Zeitstruktur zu einer Trägerin von veränderlichen Größen für die Raumzeit und ihre asymmetrischen Präzision. Das Alles ist ein Hinweis darauf, dass Bezüglichkeiten nur dann Zustände realisieren können, wenn ihre Beschaffenheit während der jeweils anfallenden (Quanten)Leistungen den Modifikationsansprüchen ihrer Raumzeiten gewachsen ist.

Mit anderen Worten: Für Modifikationszustände und auch für deren Formate sind Verformmateriale – Räume in der Raumzeit- nötig, wofür die Unruhe mittels ihrer zirkulierenden Eigenschaft sorgt. Über die Intensität von dieser Zirkulation bestimmt als charakteristische Merkmale die Maßmenge der Unruhe. Die Intensitäten selbst können nur Teile von Quanten –und Neuzuständen werden. Da aber hier das Erstere einer Erläuterung bedarf, werden nur diese angeführt:

Mit ihrer Produktivität verhelfen die Quantenzustände dem Unterbewusstsein der Protonen –den für sie zugehörigen Quarks- zu ihren eigenen, mittels der den Neutronen interaktiven Quarks für die Realisierbarkeit und Vereinfachung von Neuzuständen wichtigen Entropien. Von größter Bedeutung sind diese Entropien also aus dem definitiven Grund, im (Quanten)Atom die vorhandene Welt erst empirisch und dann identifizierbar zu machen für die Identifizierung durch Prozesse, die ihre Logik zu Geometrie (weil dimensional) bereits mit den

Identifizierungseinheiten mathematisch
(zusammen)formen. Dieses
Identifizierungsphänomen können nur die Quarks
in ihrer Hauptfunktion als Organisatoren von
Strukturierbarkeiten bewerkstelligen mit der
Funktion, die stets durch die Entropie veranlasste
Bildung -Lösung von Strukturen für die
(Mit/Nach)Verwendung in den dazu geeigneten
Feldern zu konzipieren. Dieses Prinzip vereinfacht
in erster Linie das darauf folgende Aufgabengebiet
von Strukturen. Sie können nun in notwendiger
den charakteristischen Gehalt ausmachenden
Strukturmasse Interdependenzen für die
Anpassung von Umständen während des
Unruhezustandes behandeln.

BEWEGLICHKEIT ODER BEWEGUNG: DUALISMUS ODER WAHRHEIT

Die Unruhestärke, als ein Zeichen für die
Unruheart, fällt die Entscheidung über das Wohin
des Unruhemittels, entweder in die Beweglichkeit

oder Bewegung. Wann aber tatsächlich die Unruhe in einen Statikzustand –Beweglichkeit- kommt, hängt von der Zustandsbildung ab, besser gesagt, der Forderung von ihr nach inkonsequentem Verhalten von Protonen. Inkonsequenz bedeutet das Vorhandensein unterschiedlicher Stärken an Konsequenz, womit Anpassungsschwierigkeiten entsprechend der Umstände kein Anlass für ihre Entstehung gegeben wird, da sich Konsequenzen auch als Inkonsequenzen gemäß ihrer Maßstärke und ihrer Funktion der ihnen dafür geordneten Aufgabenfelder nur so lenken lassen können.

Abgesehen von denen in den Quantenzuständen, besteht in Momenten der Inkonsequenz, weil dann auch die Entropie gesättigt ist, kaum Unruhe, nur so viel, wie sie erheblich wird für die relative und durch das Mosaik Quantenzustände relativierbare Zustandsbildung. Relativierbar sind Zustandsbildungen dann, wenn Entropien von Quantenzuständen die Weglänge von Zeitstrukturen mit ihren eigenen kombinieren, so dass sich dadurch Kombinationswege ergeben, welche aus dem Dualismus entstehende Modifikationsgründe sind und für unterschiedliche Zyklusradien sorgen.

Ansonsten, als der statische Unruhegeist von strukturell nach Massen geordneten (Um)Feldern, ist die Unruhe der Wiederkehrende und deshalb – verwertbare stets wegen der Veränderlichkeit und Veränderbarkeit von Bezüglichkeiten nach Vollendung suchender Stoff. Nur so kann sie dem Anpassungsquantum während Verstofflichungsmaßnahmen als die Asymmetrie, dem Bedürfnis nach Wechselzustand, genügen.

Die Asymmetrie aber verstofflicht nicht allein Bewegungen wie in der Sache mit dem Bedürfnis nach Wechselzustand, sondern, als das Bedürfnis im Ruhezustand, natürlich auch Beweglichkeit.

Beide Größen legen das für ihre Funktionalität nötige Bedürfnismaß fest. So schließlich können sie mit ihren geforderten Bedürfnissen (Lösungen) wiederum Bedürfnisse in (Quanten)zuständen (Re)aktivieren und mit dieser (Re)Aktivierung können in Abhängigkeit gehaltene Bindungen zwischen Bedürfnis und Wechselzustand hergestellt werden. Wann exakt aber eine Lösung dieser Bindung zwischen beiden ihrer Absicht folgend gestartet wird, lässt sich an Zustandsbildungen erklären, die den Funktionen und Umständen gemäß Quanten, Energiequotienten, Räume aber auch Raumzeiten sein können.

Nun der Grund: Falls sich Zustandsbildungen als Energiequotienten in Wiederkehr kurzer (die längeren, da sie periodische Zustände angehen und sie systematisieren, werden hier nicht berücksichtigt) Abstände im gleichen Raum –der Raum der Raumzeit- mit asymmetrischen Abweichungen von Absichten realisieren, beginnt sich die Bindung zwischen Bedürfnis und Wechselzustand aufzuheben, weil aus den produzierten Energiequotienten eine Raummasse an Größe zunimmt.

Hierbei ist ein Wechselzustand ein beabsichtigter aber noch nicht gebildeter Zustand, dessen Formraum sich erst nach dem Erkennen der

Bedürfnisart durch die elektrostatischen Abstoßungen mit dem dazu geeigneten Gebrauch von einer Zeitstruktur zur Gewissheit wird.

Und asymmetrische Abweichungen entstehen genau durch die Verwendung der gleichen Zeitstrukturen, mit jeweils leicht veränderten anderen, in ihr gängig werdenden oder gewordenen Zeitstrukturen. Sie sind schließlich die Ursache für die Vielfalt ähnlicher Zustände.

Hat die Vielfalt die Maßgrenze ihrer Eigenschaft für Bewegung überschritten, was mit dem Postulat nach Gewichts- und dessentwegen bewirkten Gebietsverlagerungen von Bezüglichkeiten passiert, setzt die Lösung der Bindung ein entweder für andere evtl. angeforderte Bewegungen oder Beweglichkeit oder aber auch dafür, selbst das Bedürfnis der Anforderung zu sein, weil ein Zustand in Aussicht ist, dessen Beschaffenheit das Maß des Bekannten überschritten hat, also über jene Unordnung verfügt, deren (un)bedingter Teil noch außerhalb der Zyklen im Zyklus liegt.

Solche Lösungsmomente geben entsprechend ihrer für Strukturierungsangelegenheiten notwendige Gliederungsempathie den Anfang für oder von Prämissen und Normen, welche sich im Erkennen von Modifizierbarkeiten in den Bezüglichkeiten (der Bezugsparteien), hier Bedürfnismasse, zeigt.

Die Aktivität dieser Masse beginnt mit der Elektronenaktivierung der seitens der Neutronen ausgestrahlten Reize und endet mit dem Erkennen der Bedürfnisart, womit gleichzeitig auch die Höchstwirkung erreicht wurde, und die zum Nutzen des Wechselzustands fungierenden Bezüglichkeiten wie beispielsweise nach dem Erkennen die aktivierte Zeitstruktur, wofür die Höchstwirkung als die nun spezifiziert strukturierte Ursache dieses Ereignis steuert.

In erweitertem Sinne bedeutet dies, dass das Erkennen von Modifizierbarkeiten aus den Bezüglichkeiten die künftigen als Steuerungspunkte von Prozessen differenzieren, so dass sie für Bedingungen (re)aktivierbar werden.

DAS DRUCKMAß ALS HILFE BEI DER WOHIN-PRODUKTION

Nun gilt es aber Klarheit darüber zu bringen, wie die Höchstwirkung produziert wird, was gleichzeitig auch über ihre Eigenschaft Auskunft geben würde, aber auch dadurch mathematische Berechenbarkeit.

Schon allein, weil sie im Endzustand bereits als ein Koeffizient merkmalisiert ist, muss die Höchstwirkung bei ihrer Entwicklung aus mindestens zwei Stadien von mehreren Prozessen bestehen, welche das Ergebnis der an der Sache Wirkung(s Ansammlung) beteiligten Bezüglichkeiten wiedergeben. Diese Lösungen führen dazu bei, dass es zum Wirkungsentzug

von Bezüglichkeiten kommt, die einen Gravitationsmangel, welcher Stärke auch immer, noch unter Kontrolle halten können, weil die Dauer des Mangels in die Zeitspanne des Drucks fällt.

Enden tut jene Zeitspanne mit der Zeit, die nach einer Annahme der Aktivierung durch eine für die Maßstärke der Höchstwirkung geeigneten Zeitstruktur den Bedarfszwecken nicht zusagende Wirkungen als Ballast den Bezüglichkeiten zurücksendet.

Somit verhält sich die Funktionalität der jeweilig aktivierten Zeitstruktur als ein Reguliere, damit schon vor der eigentlichen Zustandsbildung der sich in diesem Prozess entwickelte Gravitationsmangel ausgeglichen ist.

Ein Ausgleich aber erfolgt nicht nur, wenn der Ballast verlassene Verhältnisse wiederansiedelt. Besonders das Unordnungsfeld im Bereich des gebildeten Zustands dient als eine Balance. Doch nicht nur das. Aufgrund ihrer verwandten Eigenschaft mit dem gebildetem Zustand machen sie die Strukturierung einer Unordnung für einen folgenden Neuzustand erst möglich.

Diese Eigenschaft ist der Druck in den Wirkungsmaterialen, welcher von der Zahl der

Koordinaten auf der magnetischen Linie abhängt. Deshalb steht der Druck indirekt in Relation zum Radius der Wirkung, aber direkt in der zur Schnelligkeit einer Zustandsbildung. Denn er ist so angelegt, dass, je größer er ist, desto mehr vervielfacht sich die negative und positive Zahl, aus der Koordinaten zu Energiequotienten – Quantenzustände - gebildet werden. In Anbetracht der Schnelligkeit entscheidet der Druck nicht nur über die Weglänge bis zur Aktivierung, sondern auch (damit) über die Verfehlung der beabsichtigten Zeitstruktur. Und nicht zu vergessen, dass, wenn in die Unordnung zu viel Ballast –Ordnung im Sinne von Wirkungsquanten- zufällt, die starke Bewegung nur durch aufeinander folgende ähnliche Zustandsbildungen in Gleichgewicht gebracht werden kann. In diesem Zusammenhang ist das Gleichgewicht die Vervollständigung von einer elliptischen Form, und die Zustandsursache der elliptischen Formung und ihrer Stabilität drückt sich in Wiederkehr modifizierbarer Ursachen von/für Beweglichkeit und Bewegung aus. Die Energie beider wird durch den Gegenstand Druck regeneriert, dessen Stärke über die Zahl der dafür notwendigen Zustände aussagt, also wird damit auch das Radius jener Form bestimmt.

Doch birgt dieses Druckmodel Gefahren. Besonders, nach dem Zustände gleicher, elliptischer Art geformt werden und durch weitere Bildungen von diesen der Weg für ihre Wiederkehr gängiger als andere Partikeln gemacht wurde, so dass ihre Identifizierbarkeit verfügbarer und leichter zu entziffern ist. Schließlich könnte es bei weiterer Ausbildung zur Verformung allgemein oder im Sinne einer Ausdehnung kommen.

Leicht zu entziffern deshalb, weil bei der Entstehung der Basis für die Ellipse Prämisse das Bedürfnis mehr und mehr an die seine (Druck)Art kennzeichnenden Bestandteile verliert, welche dort in jene Raummasse eingehen und sich als feste Kenngrößen für die Antriebsenergie zu jenen Zustandsbildungen quantenmäßig in die Raumzeit –Unordnung- verteilen und stets durch ihre Funktionalitätsansprüche, die sie in Tätigkeit umsetzen, sich und andere zu Lösungen verpflichten, womit die Singularität Erhaltungsprinzip zur Kenngröße geschaffen wird, die als ein Teil zur Ordnung beiträgt.

Kraft diesen fließenden Identitäten können Ursachen gesteuert werden. Je mehr ähnlichere Identitätskomplexe in der Unordnung zueinander in Abhängigkeit gestellt werden durch den Druck, desto größer ist die Ordnungsmasse in der Unordnung.

Und kurz vor der Zustandsbildung ist das letzte Druckmaß in der Höchstwirkung die entscheidende Größe bei der Wohin-Produktion (Bewegung oder Beweglichkeit oder über das Wie viel - Quantenbeweglichkeit in der Bewegung). Erklären tut dies auch Kennlinien, welche asymmetrischen Geraden sind und nur ihnen erforderliche Größen von Bezüglichkeiten für ihre eigenen Funktionalitäten und die dazu in Relation zur (Re)Aktivierung (evtl.) folgende annehmen. In Abhängigkeit zu etwas steht aber auch der Druck, nämlich zur magnetischen Wegbeschaffenheit.

Schließlich können Teile ihrer Quantenzustände während der Koordination ebenfalls aktiviert werden und wenn dies ausreichend geschieht, wäre wegen magnetischen Charakter für Verschiedenheit des Druckgehaltes gesorgt, welche ihrerseits den Beitrag für Zustandsradien leisten würde.

Anders formuliert: Magnetische Feldlinien beeinflussen den Druck und sind mitverantwortlich für (Quanten)zustände...

www.ingramcontent.com/pod-product-compliance
Lightning Source LLC
Chambersburg PA
CBHW030705220526
45463CB00005B/1917